不可压缩流 Navier-Stokes 方程数值方法

李 剑 著

科 学 出 版 社
北 京

内 容 简 介

Navier-Stokes 方程是流体的经典方程. 在本书中, 我们将从线性的 Stokes 问题入手, 研究如何利用协调有限元方法、有限体积方法以及非协调有限元方法高效求解. 然后在强唯一解情况和非奇异解束两个层面研究定常 Navier-Stokes 方程理论和高效计算方法, 同时介绍求解定常 Navier-Stokes 方程的三种迭代方法和针对较大雷诺数问题的 Euler 时空迭代方法. 最后研究了非定常 Navier-Stokes 方程的有限元离散方法以及高效全离散方法.

本书可作为高年级本科生和研究生的教材以及各高校数学建模课程的参考资料.

图书在版编目(CIP)数据

不可压缩流 Navier-Stokes 方程数值方法/李剑著. —北京：科学出版社, 2019.6

ISBN 978-7-03-061430-8

I. ①不… II. ①李… III. ①非线性方程-方程组-数值方法 IV. ①O175

中国版本图书馆 CIP 数据核字(2019) 第 109023 号

责任编辑: 李 欣 李香叶 / 责任校对: 彭珍珍
责任印制: 吴兆东 / 封面设计: 陈 敬

科学出版社出版
北京东黄城根北街 16 号
邮政编码：100717
http://www.sciencep.com
北京虎彩文化传播有限公司印刷
科学出版社发行 各地新华书店经销
*
2019年6月第 一 版 开本: 720 × 1000 B5
2020年7月第三次印刷 印张: 9
字数: 180 000

定价: 68.00 元

(如有印装质量问题, 我社负责调换)

前　言

Navier-Stokes(N-S) 方程是一种典型的非线性方程, 其研究对人们认识和控制湍流至关重要. 由于人们对非线性现象本质的认识有限, 因而数值模拟、理论和实验成为十分重要的研究手段. 用标准有限元方法求解不可压缩 N-S 方程, 主要考虑如下几个方面的问题：大雷诺数问题、不可压缩条件、非结构化网格、inf-sup 条件和非线性问题.

本书主要围绕这些问题提出并实现二维不可压缩流若干数值方法.

关于定常 Stokes 方程, 我们在第 3 章介绍了定常不可压缩流低次等阶元局部高斯积分稳定化方法. 这种新稳定化方法区别于其他方法的性质是：稳定项不需要介入稳定化参数, 避免高阶导数或者边界积分, 稳定在局部单元上操作. 对非结构化网格, 取得与 Taylor-Hood 元几乎相同的数值结果. 同时, 我们对局部高斯积分协调有限元稳定化方法、有限体积元稳定化方法和非协调有限元稳定化方法分别进行了理论分析和数值模拟.

第 4 章, 我们关于定常 N-S 方程介绍并实现了四种有限元方法：定常 N-S 方程局部高斯积分新稳定有限元方法、两层及多层稳定有限元方法、粗网格局部 L^2 投影超收敛方法、Euler 时空迭代有限元方法. 首先, 推广局部高斯积分稳定化方法到定常 N-S 方程, 分析了关于强唯一性条件和奇异解理论下的误差分析和数值模拟, 论证了新稳定化方法对于非线性问题依然高效. 其次, 提出定常 N-S 方程三种两层方法和多层稳定化方法. 此方法采用低次等阶稳定化有限元方法和两层及多层方法可以取得与标准 Galerkin 有限元相同的收敛速度, 但该方法区别于两层及多层方法：高效的低次等阶有限元节省大量的节点, 且两层及多层方法粗网格计算非线性稳定化问题且在细网格计算线性问题, 因此, 可以减少工作量和节省计算时间. 再次, 基于 ZZ 投影方法和局部 L^2 投影超收敛方法, 给出粗网格局部 L^2 投影超收敛方法. 此方法区别于其他方法：方法灵活, 可对于协调、非协调和间断有限元方法统一处理; 研究局部超收敛特征, 而不研究点的超收敛, 适合于并行; 后处理网格只需正则不需一致正则, 给自适应网格提供了理论保证; 后处理 “空间” 要求低, 也可是函数空间; 几乎不依赖于问题（不需苛刻的 inf-sup 条件）. 最后, 数值实现了最近何银年教授提出的求解具有稍大雷诺数的定常不可压缩流问题 Euler 时空迭代有限元方法. 在小雷诺数情况下, 取得与三种经典空间迭代方法相同的结果, 且可以快速求解经典空间迭代有限元方法不能解的具有相对较大雷诺数的定常 N-S 方程.

关于非定常 N-S 方程, 第 5 章讨论了一些高效的新方法. 首先, 在 H^2 光滑初值条件下, 我们利用低次等阶协调有限元局部高斯积分稳定化方法求解非定常 N-S 方程, 并得出空间离散的优化误差分析. 从数值分析角度, 比较了关于低次等阶有限元一些典型的稳定化方法, 结果发现此方法优于同类的其他方法. 其次, 在何银年教授关于二维非定常 N-S 方程具有二阶时间精度 Crank-Nicolson/Adams-Bashforth 方法的框架下, 本书从理论上进行总结, 且数值模拟说明该方法的高效性. Crank-Nicolson/Adams-Bashforth 方法取得与无条件稳定的全隐格式相同的稳定性且与二阶时间精度的 Crank-Nicolson 外推算法相同的收敛性. 在全隐格式中需要计算非线性问题, 且二阶时间精度 Crank-Nicolson 外推算法在不适当的边值和边界条件下, 容易产生数值振荡, 而此种方法不需解非线性问题, 只需用三层时间推进求解 Stokes 问题.

作　者

2019 年 1 月

目　录

主要符号表

$\mathbb{C}^n$	表示 n 维复向量空间
R	实数集合
$\mathbb{R}^d$	d 维欧氏空间
∇u	函数 u 的梯度
$\mathrm{div} u$	向量函数 u 的散度
$\nu,\ Re$	黏性系数和雷诺数
Ω	求解有界开集区域
$\partial\Omega$	区域 Ω 的边界
$\|u\|_i$	标量或向量 u 的 H^i 范数
ε	加罚参数
δ_i	$i=0,1$ 稳定化参数
X	Hilbert 空间 $\left[H_0^1(\Omega)\right]^2$
Y	$\left[L^2(\Omega)\right]^2$
M	$\left\{q \in L^2(\Omega): \int_\Omega q dx = 0\right\}$
V	$\{v \in X: \mathrm{div}\ v = 0\}$
H	$\{v \in [L^2(\Omega)]^2:\ \mathrm{div}\ v = 0, v \cdot \boldsymbol{n}\|_{\partial\Omega} = 0\}$
$X \times M$	两个空间 X 和 M 的乘积空间
τ_h	有限元网格剖分
T_h	有限元网格 τ_h 的对偶剖分
X_h	速度有限元子空间
$\widetilde{X}_h$	X_h 的对偶空间
M_h	压力有限元子空间
V_h	速度无散度有限元子空间
$X_h \times M_h$	两个空间 X_h 和 M_h 的乘积空间
I_h	从 Hilbert 空间 X 到有限元子空间 X_h 的逼近算子
J_h	从 Hilbert 空间 M 到有限元子空间 M_h 的逼近算子
Γ_h	从有限元空间 X_h 到对偶空间 $\widetilde{X}_h$ 的投影算子
Π_h	从局部速度空间 $[H^1(K_j)]^2$ 到非协调有限元空间 $\mathcal{NCP}_1$ 的投影算子
$\square$	证明结束符号

第1章 绪 论

N-S 方程是一种典型的非线性方程, 它能够刻画流体的运动规律, 例如, 大气运动、海洋流动、轴承润滑、透平机械内部流动等, 其研究对人们认识和控制湍流显得格外重要. 科学计算是伴随着计算机的出现而迅速发展并得到广泛应用的交叉学科, 已与理论和实验研究一起成为当今世界科学研究的主要手段. 引入科学计算能提高计算效率, 克服传统手段的弱点, 起到事半功倍的效果. 由于人们对非线性现象的本质认识有限, 因而数值模拟就成为一种十分重要的研究手段. 但直接用有限元方法数值模拟 N-S 方程有很大的局限性, 主要表现在巨大的解题规模、长时间积分以及有限计算资源与算法稳定性之间存在着难以解决的矛盾. 复杂的区域和经济的计算要求应用非结构化网格和低次等阶有限元. 但是, 传统有限元主要设计在一致网格上, 且低次有限元不满足 inf-sup 条件. 不可压缩条件和小黏性系数会导致总刚矩阵具有坏的条件数. 不可压缩流体, 稳定的计算往往要求苛刻的相容性条件 inf-sup 和小的时间步长. 非线性问题和小时间步长则往往需要大量的计算. 因此, 构造和研究具有良好的稳定性和收敛性、简单高效、易于局部并行的算法就显得尤为重要.

本书主要针对上述问题, 在前人工作的基础[1-8] 上, 提出并分析以下几种高效方法.

1. *不可压缩流局部高斯积分稳定化方法*

目前, 不可压缩流体的数值模拟对科学研究和工业应用依然是一个比较重要且充满挑战的问题. 而对于不可压缩流体有限元逼近的一个关键问题是速度和压力必须满足相应的 inf-sup 条件. 尽管有一些稳定满足 inf-sup 条件的有限元配对被研究并广泛使用, 但是低次的有限元配对 (P_1-P_0, P_1-P_1, Q_1-Q_0, Q_1-Q_1) 往往能发挥更好的作用. 特别地, 对于低次等阶有限元配对 Q_1-Q_1 和 P_1-P_1, 由于计算简单并且选取方便 (速度和压力分布在一个空间), 因此适合于并行算法和多层网格[9–23]. 但是, 直接使用低次等阶有限元求解不可压缩流体的计算结果似乎往往不尽人意[11–13]. 相对于最低次的有限元配对, 前人关于不可压缩流体计算的经验表明, 选取低次等阶有限元可以很好地提高压力的计算结果[9,11,15,18], 而我们仅仅需要关于标量压力的逼近增加少量的节点, 这起到了四两拨千斤的效果. 以上优点引起了不少研究稳定化有限元专家的重视. 随之, 也产生了很多利用低次等阶有限元求解不可压缩 N-S 方程的方法.

对于不可压缩 N-S 方程, 利用稳定化方法来扩充稳定化有限元配对[3,15–27] 已有几十年的历史. 以前的分类方法很多, 例如, 主要有扩张拉格朗日方法、最小二乘方法、相容 SUPG/SD 稳定化方法、相容的 Galerkin 最小二乘法、泡函数稳定化方法、投影方法和宏元方法 [97] 等. 按照 [9,22] 的分类, 我们讨论关于低次等阶有限元配对几类稳定化方法的特点. 对于相容性稳定化方法, 低次等阶有限元配对往往会由动量方程的高阶导数而消失, 可能会造成精度的丧失. 对于绝对的压力–泊松方法, 尽管引入离散 Laplace 算子避免了上述的缺点, 但是由于离散算子计算的复杂性, 给计算带来不小的工作量; 对于非残差稳定化方法[15–18], 往往要引入压力局部或全局的跳跃, 宏元使得网格相互嵌套, 需要某些边界信息的介入, 同时稳定化参数的选取并没有一定的规律. 过大的稳定化参数往往产生超稳定效果. 尽管 T. Rice, G. Hauke 和 T. Hughes 提供了一些选取稳定化参数的方法, 他们的代码也已经广泛应用于工业应用中, 但目前关于任意给定网格稳定化参数的选取并没有满意的方法, 基本上还是靠经验和数值试验进行摸索[13]. 最近, 多尺度丰富方法[27,28] 对相容性的方法 (特别是 Douglas-Wang 方法) 进行了一些改进, 取得了一些好的参数值, 但这些方法仍然存在着计算量大、理论分析复杂、往往要引入网格依赖的范数等缺点, 因此在稳定化参数的处理上还有很多的工作要做. 最近, P. B. Bochev, C. R. Dohrmann 和 M. D. Gunzburger[9] 构造了一种压力投影方法, 此种算法没有稳定化参数的介入, 仅仅需要在局部计算压力的积分平均量. 理论和数值分析表明, 这种方法简单可行, 抛开了选取稳定化参数的麻烦.

我们借鉴其经验提出了一种基于局部高斯积分稳定化方法[10–14]. 这种方法不需要稳定化参数, 不需要计算单元的压力平均和处理有限元内部边界的信息, 没有压力的跳跃, 也没有网格的嵌套宏元的引入, 只需要增加计算两个简单的高斯积分值残差. 详细地说, 只需要给质量守恒变分问题增加相应的高斯积分和低于相应高斯积分精度的残差. 理论和数值分析表明, 这种方法简单高效完全可以推广到三维情形. 特别对于压力的计算取得了超收敛的结果, 极易推广到非协调有限元和有限体积方法[29,30], 且适合于非结构化网格的计算. 这种新的稳定化方法对于 N-S 方程的理论分析取得了好的收敛结果[10–14]. 特别对于非结构化网格, 我们提出的方法优于其他稳定化方法, 且与具有超收敛效果的 Taylor-Hood 元求解 N-S 方程有相同的效果[13].

稳定化方法的构造主要是为了绕过苛刻的离散 inf-sup 条件, 充分利用简单高效有限元. 但对于不可压缩 N-S 方程, 还有很多的问题需要解决. 非线性问题的复杂性、大雷诺数问题和有限的计算资源都需要高效的算法.

2. 定常 N-S 方程两层及多层新稳定化方法

对于定常 N-S 问题, 简单高效的迭代方法和两层及多层方法都是极好的解决途径[34–40]. 本章中, 我们构造了关于低次等阶有限元两层及多层稳定有限元方法.

在粗网格情况下, 用合适的空间迭代算法求解粗网格有限元的解, 而在细网格中基于粗网格解只需一步校正求解 Stokes 方程. 我们结合局部高斯积分稳定化方法和三种格式构造出三种两层稳定化有限元方法: 简单两层稳定有限元方法、Oseen 两层稳定有限元方法和 Newton 两层稳定有限元方法. 通过理论分析和数值试验发现, 三种方法均可以取得与标准有限元同样的精度, 但是它们可以节省计算时间和减少工作量. 相比之下, Newton 两层稳定有限元方法粗细网格之间尺度比例跨度最大, 但在粗网格下计算量大、耗时多; Oseen 两层稳定有限元方法次之, 简单两层稳定有限元方法由于保持了好的系数矩阵, 求解最为高效[10]. 但 Newton 两层稳定有限元方法有新旧信息的更替, 且保持了优化的网格比例关系, 适合于多层方法的设计[14]. 本书中我们设计的多层稳定有限元方法只不过是两层稳定有限元方法的扩展: 在第一层网格上解定常 N-S 方程, 在下一层网格上只需一步校正求解线性的 Newton 格式的 Stokes 方程. 理论分析和数值模拟表明, 用多层方法求解定常 N-S 方程既可以保证精度, 又能节省大量的计算时间. 特别地, 两层及多层方法在粗网格捕捉了很多的信息. 而在细网格时, 用粗网格的信息参与简单的线性运算, 因此这种方法是一种简单高效的多尺度方法, 适合解决大规模的数值计算[43].

3. 粗网格局部 L^2 投影超收敛方法

按照分类[45], 我们把超收敛分为: 插值型、网格对称型和 ZZ 投影方法. 我们提出的粗网格局部 L^2 方法属于投影方法. 关于插值型方法, 依赖于一个好的局部信息 (插值), 计算比较高效, 但是严重依赖于所研究的问题和一致正则的网格. 关于网格对称型方法尽管是局部的高精度方法, 但是仍依赖所研究的问题和区域, 对边界的处理比较复杂. 关于 ZZ 投影方法, 对网格要求不高, 用 L^2 投影方法投影离散解的梯度, 使用离散范数, 计算比较方便, 但没有形成理论.

基于 ZZ 投影方法[41,42] 和 L^2 局部投影方法[43,44,48], 我们给出的粗网格局部 L^2 投影方法, 此方法区别于其他方法: 方法灵活, 可适应于协调、间断有限元和非协调方法; 研究局部超收敛特征, 而不研究点的超收敛, 适合于并行; 后处理网格只需正则不需一致正则, 给自适应网格提供了理论保证; 后处理 "空间" 要求低, 也可是函数空间; 几乎不依赖于问题 (不需苛刻的 inf-sup 条件).

本书结合速度的无散度基函数并采用加罚型局部间断有限元方法[47], 对定常 N-S 方程进行粗网格局部 L^2 投影后处理分析[48]. 这样一来, 由于局部速度满足无散度条件, 计算完全控制在局部上; 由于加罚参数的选取比较容易, 且可缓解求解相对较大的雷诺数问题的困难; 两次计算均可用自适应网格, 后处理不需要 inf-sup 条件, 因此完全可以先利用低阶有限元进行粗略求解, 然后用高次 "空间" 函数进行后处理.

4. 大雷诺数问题探索

湍流问题是流体力学中比较重要的问题. 尽管物理学家和数学家们经过数个世纪的努力, 它仍是一个未解的难题. 由于湍流的复杂性、混乱性、耗散性、扩散性, 以及复杂多尺度的信息, 给数值分析和模拟带来了很多困难. 以前曾有很多的模型和方法处理大雷诺数问题, 例如, 直接数值模拟、平均 N-S 方程、大涡模拟方法和涡黏模拟等, 但这些模型方法在长时间的数值模拟上是有缺陷的, 这是由于它们在大部分涡流结构上是扩散的, 并且模型并不能很好地反映物理上的起伏波动. 近年来, S. Kaya 等的工作[49–54] 给出了一种用亚格子大涡黏性方法解决不可压缩 N-S

方程. 这种方法的思想最早是由 J. L. Guermond[53] 提出的. 亚格子的尺度由气泡函数构造, 人工黏性被增加在问题的细网格上, 这种概念是由 W. Layton[54] 在研究定常对流扩散问题时提出的. 这种方法被联系到另外的相容稳定技巧, 即为由 T. J. R. Hughes[55] 提出的变分多尺度方法. V. John, S. Kaya 和 W. Layton[49–52] 用这个模型对于非定常 N-S 方程进行了分析, 但他们的数值结果仅仅计算了黏性很大的情况, 并没有给出相对较小的黏性计算. 况且, 这种算法需要计算一个复杂的投影算子, 计算过程相对比较复杂. 我们知道, 通常空间迭代方法对黏性或雷诺数的要求比较高, 往往需要一定的条件才能保证其收敛性. 本书系统地比较各种求解定常 N-S 方程空间迭代有限元方法：简单空间迭代有限元方法、Oseen 空间迭代有限元方法、Newton 空间迭代有限元方法和何银年教授提出的 Euler 时空迭代有限元方法在理论上与数值模拟方面的结果. 通过比较[56, 57] 发现：简单方法只需要求解 Stokes 问题, 大大减少了非线性问题造成的复杂性; Oseen 格式和 Newton 迭代格式取得了几乎一样的精度; 三种方法中 Newton 迭代具有二阶的收敛速度, 无论从理论上还是数值模拟上, Newton 迭代方法都具有快速收敛的优点; 而 Euler 时空迭代有限元方法能统一处理定常问题和非定常问题, 用线性 Stokes 问题解非定常 N-S 方程, 没有时间的分裂误差, 大大地降低了内存的需求. 与空间迭代方法相比, Euler 时空迭代有限元方法改善了具有相对较大雷诺数定常 N-S 方程所得的线性系数矩阵, 且在弱收敛条件下具有指数阶的迭代收敛速度[56, 57]. 因此, 在雷诺数稍大的情况下, 可以代替空间迭代有限元方法求解定常 N-S 方程.

5. 二阶时间精度的隐式/显式问题

对于非定常 N-S 方程, 目前有大量的工作专注于求解其二阶时间精度的高效格式[1, 59–62, 64–66]. 目前典型的分类如下：全隐格式、半隐格式和显式. 一般来说, 隐式格式的计算量很大, 但理论上能保证无条件稳定. 从格式角度看, 显式格式大大简化了 N-S 方程的求解, 但其稳定性条件中时间步长与网格尺度相互嵌套, 从理论上并不能保证无条件稳定性和大时间步长的选取. 比较好的选择是在线性项中用隐式方法, 在非线性项中用半隐或者全显格式. 全隐 Crank-Nicolson 格式具有很好的稳定性和收敛性, 但这种格式往往是 A- 稳定[59], 不适当的初值和边界条件会造成计算的振荡. 最近, 何银年教授和孙伟伟教授得出 Crank-Nicolson/Adams-Bashforth (对线性项用 Crank-Nicolson 格式并对非线性项用显式 Adams-Bashforth 格式, 求解非线性问题用线性的 Stokes 方程进行三层时间步推进)[2, 66–69] 方法具有二阶时间精度的理论结果[68]. 本书总结了此方法并给出数值模拟. 数值结果表明: 此方法取得与无条件稳定的全隐格式相同的稳定性与二阶时间精度的 Crank-Nicolson 外推方法相同的收敛性.

总之, 本书提出了不可压缩 N-S 方程低次等阶有限元局部高斯积分稳定化方法、不可压缩 N-S 方程两层及多层稳定有限元方法、粗网格局部 L^2 投影超收敛方法, 并对 Euler 时空迭代方法和二阶时间精度的隐式/显式 Crank-Nicolson/Adams-Bashforth 方法, 从数值模拟角度与经典方法进行分析比较.

本书内容安排如下:

第 1 章, 介绍了不可压缩 N-S 方程数值方法的研究背景和现状, 分析了目前数值模拟的重要性和存在的问题. 介绍了本书的主要内容, 并用比较和分析方式说明本书中方法的高效性.

第 2 章, 介绍了一些关于有限元基本知识和二维 N-S 方程解[3, 71] 的存在唯一性理论.

第 3 章, 我们介绍了一种依赖于稳定化参数的稳定有限元方法: 低次等阶有限元局部高斯积分稳定化有限元方法. 给出了协调稳定有限元方法、非协调稳定有限元和有限体积元稳定有限元方法, 得到了优化阶的误差分析和数值结果.

第 4 章, 主要讨论关于定常 N-S 方程的局部高斯积分稳定化方法、两层及多层稳定化方法、粗网格局部 L^2 投影超收敛方法和 Euler 时空迭代有限元方法. 首先, 推广第 3 章提出的新稳定化方法, 得到关于定常 N-S 方程稳定化方法在强唯一性和非奇异条件下优化分析和数值模拟. 其次, 构造两层及多层稳定化方法并给出优化阶误差分析. 再次, 讨论粗网格局部 L^2 投影方法的后处理算法, 从理论分析关于 N-S 方程的超收敛结果. 最后, 从数值模拟角度给出具有相对较大雷诺数定常 N-S 方程 Euler 时空迭代有限元方法的高效性.

第 5 章, 主要是讨论非定常不可压缩 N-S 方程基于局部高斯积分稳定化方法的误差估计和数值模拟. 并对具有二阶时间精度的 Crank-Nicolosn/Adams-Bashforth

方法进行了讨论, 说明这种方法仅仅需要三层时间推进解决 Stokes 问题, 且具有无条件稳定性和优化阶收敛性.

第 6 章, 给出本书的创新点摘要.

第2章 预备知识

本章介绍一些概念、基本定理和相关的一些研究方法, 为后面章节定理的证明提供必要的理论基础, 从而保证本书的自封闭性.

2.1 Sobolev 空间

在本书中, 始终假设 Ω 是 R^2 中具有 Lipschitz 连续的有界开集. 我们将根据不可压缩流问题的需要, 介绍一些有用的 Sobolev 空间: 对于非负的整数 k 和实数 $q \in [1,\infty]$, 定义 Sobolev 空间

$$W^{k,q}(\Omega) = \{v : \|v\|_{W^{k,q}(\Omega)} < \infty\}$$

和它的范数

$$\|v\|_{W^{k,q}(\Omega)} = \begin{cases} \left(\sum_{|\alpha|\leqslant k} \int_\Omega \left|\frac{\partial^\alpha v(x)}{\partial x^\alpha}\right|^q dx\right)^{1/q}, & 1 \leqslant q < \infty, \\ \sum_{|\alpha|\leqslant k} \operatorname*{ess\,sup}_{x\in\Omega} \left|\frac{\partial^\alpha v(x)}{\partial x^\alpha}\right|, & q = \infty . \end{cases}$$

定义 $W_0^{k,q}(\Omega)^i (i = 1, 2)$ 是 C_0^∞ 关于范数 $\|\cdot\|_{W^{k,q}(\Omega)}$ 的闭包. 特别地, 当 $q = 2$ 时, 有

$$H^k(\Omega) = W^{k,2}(\Omega), \quad H_0^k(\Omega) = W_0^{k,2}(\Omega), \quad L^q(\Omega) = W^{0,q}(\Omega).$$

同时分别定义其内积、范数和半范数如下:

$$(u, v)_{m,\Omega} = \sum_{|\alpha|\leqslant m} \int_\Omega \partial^\alpha u \partial^\alpha v dx, \quad \forall u, v \in H^m(\Omega), \quad m \leqslant k,$$

$$\|v\|_{m,\Omega} = \left\{\sum_{|\alpha|\leqslant m} \int_\Omega |\partial^\alpha v|^2 dx\right\}^{1/2}, \quad |v|_{m,\Omega} = \left\{\sum_{|\alpha|=m} \int_\Omega |\partial^\alpha v|^2 dx\right\}^{1/2}.$$

特别地, Sobolev 空间 $[H_0^m(\Omega)]^i, i=1,2$, 半范数和全范数等价. 因此, 可以用半范代替全范数进行分析. 在本书中, 为了方便，记半范数和全范数分别为 $|\cdot|_m$ 和 $\|\cdot\|_m$.

为讨论二维不可压缩问题, 给出几个有用的 Sobolev 空间:

$$X=[H_0^1(\Omega)]^2,\quad Y=[L^2(\Omega)]^2,\quad M=L_0^2(\Omega)=\left\{q\in L^2(\Omega):\int_\Omega q dx=0\right\},$$

$$V=\{v\in X:\operatorname{div} v=0\},\quad H=\{v\in Y:\operatorname{div} v=0, v\cdot n|_{\partial\Omega}=0\}.$$

$$Z=[L^{3/2}(\Omega)]^2,\quad X^{'}=[H^{-1}(\Omega)]^2,\quad \overline{X}=X\times M,\quad D(A)=[H^2(\Omega)]^2\cap X.$$

特别地, 记混合范数 $|||\cdot|||$ 如下:

$$|||(v,q)|||=(\|v\|_1^2+\|q\|_0^2)^{1/2},\quad (v,q)\in X\times M.$$

同时, 本书不加证明地给出关于范数嵌入和几个有用的不等式.

(1) Hölder 不等式: 如果 $u\in L^p(\Omega), v\in L^q(\Omega)$, $\dfrac{1}{p}+\dfrac{1}{q}=1$, 那么 $uv\in L^1(\Omega)$ 满足

$$\int_\Omega |uv|dx\leqslant \|u\|_{L^p}\|v\|_{L^q}. \tag{2-1}$$

(2) 推广 Hölder 不等式: 如果 $u\in L^p(\Omega)$, $v\in L^q(\Omega)$, $w\in L^r(\Omega)$, $\dfrac{1}{p}+\dfrac{1}{q}+\dfrac{1}{r}=1$, 那么 $uvw\in L^1(\Omega)$ 满足

$$\int_\Omega |uvw|dx\leqslant \|u\|_{L^p}\|v\|_{L^q}\|w\|_{L^r}. \tag{2-2}$$

(3) 嵌入不等式: 关于 L^3, L^4, L^6, L^∞ 空间满足下面的嵌入不等式

$$\|v\|_{L^4}\leqslant 2^{1/4}\|v\|_0^{1/2}\|v\|_1^{1/2},\quad \|v\|_0\leqslant\gamma\|v\|_1,\quad v\in X, \tag{2-3}$$

$$\|v\|_{L^6}\leqslant C\|\nabla v\|_0,\quad v\in X,\quad \|v\|_{L^\infty}+\|\nabla v\|_{L^3}\leqslant C\|Av\|_0,\quad v\in D(A),$$

这里 C 是依赖于区域 Ω 的常数. 我们在以后的分析中, 使用 $\kappa,\kappa_i,c_i,C_i(i=0,1,\cdots)$ 表示依赖于参数 (ν,Ω,f,u_0,p_0,T) 或部分参数的特定常数. 特别地, u_0 和 T 是关于非定常问题的初值和时间, 更多的细节将在下面进行说明.

基于上述关于空间、范数和一些不等式的准备, 接下来阐述关于不可压缩流问题解的存在唯一性.

2.2　二维不可压缩流 Stokes 方程解的存在唯一性

考虑 Stokes 方程

$$
\begin{aligned}
-\nu\Delta u+\nabla p=f \quad &\text{在} \quad \Omega \text{ 中}, \\
\operatorname{div}u=0 \quad &\text{在} \quad \Omega \text{ 中}, \\
u=0 \quad &\text{在} \quad \partial\Omega \text{ 上},
\end{aligned} \tag{2-4}
$$

这里 $f(x)$ 表示体积力, $u(x)=(u_1(x),u_2(x))$ 表示速度向量, $p(x)$ 表示压力, ν 表示黏性系数, 区域 Ω 满足下面的条件 (A1).

我们给出关于区域光滑性的假设.

(A1) 假设 Ω 足够光滑使得对任意 $g\in Y$, 关于 Stokes 方程

$$
-\Delta v+\nabla q=f, \quad \operatorname{div}v=0, \quad \text{在} \quad \Omega \text{ 中}, \quad v=0, \quad \text{在} \quad \partial\Omega \text{ 上}, \tag{2-5}
$$

存在唯一解 (v,q) 并满足

$$
\|v\|_2+\|q\|_1\leqslant C\|g\|_0.
$$

为进行有限元分析起见, 先给出双线性项 $a(\cdot,\cdot)$, $d(\cdot,\cdot)$ 和 $\mathcal{B}((\cdot,\cdot);(\cdot,\cdot))$:

$$
a(u,v)=(\nabla u,\nabla v), \quad \forall u,v\in X, \quad d(v,q)=(\operatorname{div}v,q), \quad \forall v\in X, \quad q\in M,
$$

$$
\mathcal{B}((u,p);(v,q))=a(u,v)-d(v,p)+d(u,q),
$$

则方程 (2-4) 可变形为

$$
\mathcal{B}((u,p);(v,q))=(f,v), \quad \forall\ v\in X. \tag{2-6}
$$

为了得到关于 Stokes 方程解的存在唯一性, 我们不加证明地给出下面的引理.

引理 2.1 [70]　对于任意的 $q\in L^2(\Omega)$, 存在一个仅仅依赖于区域 Ω 的常数 C 和 $w\in[H^1(\Omega)]^2$ 满足

$$
\operatorname{div}w=q, \quad \|w\|_1\leqslant C\|q\|_0. \tag{2-7}
$$

特别地, 如果 $q\in M$, 则 $w\in X$.

显然, $a(\cdot,\cdot)$ 在空间 $X\times X$ 连续且强制; $d(\cdot,\cdot)$ 连续且满足 inf-sup 条件, 即存在正常数 $\beta_0>0$ 使得对所有的 $q\in M$ 满足

$$\sup_{v\in X}\frac{|d(v,q)|}{\|v\|_1}\geqslant\beta_0\|q\|_0. \tag{2-8}$$

因此, 我们可以得到 $\mathcal{B}((\cdot,\cdot);(\cdot,\cdot))$ 的连续性和强制性:

$$\begin{aligned}|\mathcal{B}((u,p);(v,q))|&\leqslant C(\|u\|_1+\|p\|_0)(\|v\|_1+\|q\|_0),\\ \sup_{(v,q)\in\overline{X}}\frac{|\mathcal{B}((u,p);(v,q))|}{\|v\|_1+\|q\|_0}&\geqslant\beta(\|u\|_1+\|p\|_0),\end{aligned} \tag{2-9}$$

这里 $\beta>0$ 为依赖于 Ω 的正常数, 由鞍点定理[71], 很容易得到关于 Stokes 方程解的存在性和唯一性.

2.3 二维定常不可压缩 N-S 方程解的存在唯一性

定常 N-S 方程是非线性偏微分方程. 本节主要讨论关于定常 N-S 方程解的存在唯一性. 考虑定常 N-S 方程:

$$\begin{aligned}&-\nu\Delta u+\nabla p+(u\cdot\nabla)u=f \text{ 在 } \Omega \text{ 中},\\ &\text{div}u=0 \text{ 在 } \Omega \text{ 中},\quad u=0 \text{ 在 } \partial\Omega \text{ 上}.\end{aligned} \tag{2-10}$$

基于 Stokes 方程分析, 我们仅给出关于三线性项 $b(\cdot,\cdot,\cdot)$ 的定义:

$$\begin{aligned}b(u,v,w)&=((u\cdot\nabla)v,w)+\frac{1}{2}((\text{div}u)v,w)\\ &=\frac{1}{2}((u\cdot\nabla)v,w)-\frac{1}{2}((u\cdot\nabla)w,v)\quad\forall u,v,w\in X.\end{aligned} \tag{2-11}$$

三线性项 $b(\cdot,\cdot,\cdot)$ 有以下的性质:

$$\begin{aligned}&b(u,v,w)=-b(u,w,v),\\ &b(u,v,w)\leqslant N\|u\|_1\|v\|_1\|w\|_1,\\ &|b(u,v,w)+b(w,v,u)+b(u,w,v)|\\ \leqslant&\frac{C_0}{2}\|u\|_0^{1/2}\|u\|_1^{1/2}\left(\|v\|_1\|w\|_0^{1/2}\|w\|_1^{1/2}+\|v\|_0^{1/2}\|v\|_1^{1/2}\|w\|_1\right),\quad u,v,w\in X,\\ &|b(u,v,w)+b(v,u,w)+b(w,u,v)|\leqslant C\|u\|_1\|v\|_2\|w\|_0,\quad u\in X,v\in D(A),w\in Y,\end{aligned} \tag{2-12}$$

这里

$$N = \sup_{u,v,w \in X} \frac{|b(u,v,w)|}{\|u\|_1 \|v\|_1 \|w\|_1}.$$

因此定常 N-S 方程解的变分形式为

$$\mathcal{B}((u,p);(v,q)) + b(u,u,v) = (f,v), \quad \forall\, v \in X. \tag{2-13}$$

区别于 Stokes 方程解的存在性, 引入 Brouwer 不动点定理.

定理 2.1 假设 B 是 R^n 中的闭球, 且 $F:\ B \to B$ 是连续的映射, 则存在解 $x_0 \in B$ 满足方程

$$F(x_0) = x_0.$$

引理 2.2 假设 $\nu > 0$ 和 $f \in X'$ 满足下面的唯一性条件

$$1 - \frac{C_0 \gamma^2}{\nu^2} \|f\|_0 > 0, \tag{2-14}$$

则变分形式存在唯一的解 $(u,p) \in (D(A), H^1(\Omega) \cap M)$ 且满足

$$|u|_1 \leqslant \frac{\gamma}{\nu} \|f\|_0, \quad \|u\|_2 + \|p\|_1 \leqslant \kappa \|f\|_0, \tag{2-15}$$

这里 $\gamma > 0$ 是不等式 $\|v\|_0 \leqslant \gamma \|u\|_1$ 中的常数.

上述非线性问题解的唯一性依赖于黏性系数、体积力和非线性项的模, 但是实际情况下那些条件很难满足. 特别地, 为了区别下面的弱唯一性条件, 记条件 (2-14) 或

$$\frac{CN\|f\|_{-1}}{\nu^2} < 1,$$

$$\|f\|_{-1} = \sup_{v \in X} \frac{\langle f, v \rangle}{\|v\|_1}$$

为**强唯一性条件**.

以下利用 F. Brezzi, J. Rappaz, V. Girault 和 P. A. Raviart 关于非奇异解的结果[1, 76] 分析定常 N-S 方程解的存在唯一性.

令 $\lambda = \nu^{-1}$, 定义线性算子 $T:\ X' \to \overline{X}$ 使得对于 $\forall g \in X'$, Stokes 方程 (2-4) 的解 (v,q) 满足

$$\overline{v} = (v,q) = Tg.$$

定义 C^2- 投影 G: $R^+ \times \overline{X} \rightarrow X'$:

$$G(\lambda,(v,q)) = \lambda\left((v\cdot\nabla)v + \frac{1}{2}(\operatorname{div}\, v)v - f\right),$$

则有

$$F(\lambda,(v,q)) \equiv (v,q) + TG(\lambda,(v,q)) = 0. \tag{2-16}$$

定理 2.2 [12] 在 (A1) 的假设下, 对于 $f \in X'$, (2-16) 的解 $\widetilde{u} = (u,\lambda p) \in D(A)\times(H^1(\Omega)\cap M)$, $G(\lambda,\widetilde{u}) \in [L^2(\Omega)]^2$ 满足

$$\begin{aligned}
&\|u\|_2 + \lambda\|p\|_1 \leqslant C\lambda\|f\|_0(1+\lambda^3\|f\|_0),\\
&\|G(\lambda,\widetilde{u})\|_0 \leqslant C\lambda\|f\|_0 + C\lambda^3\|f\|_0^2(1+\lambda^3\|f\|_0)^{1/2}.
\end{aligned} \tag{2-17}$$

(u,p) 是定常 N-S 方程 (2-10) 的解当且仅当 $(u,\lambda p)$ 是 (2-16) 的解.

证明 显然, 在 (2-16) 取 $(v,q) = (u,\lambda p) \in \overline{X}$ 利用 (2-12), 有

$$\|u\|_1 \leqslant \lambda\|f\|_{-1} \leqslant C\lambda\|f\|_0. \tag{2-18}$$

利用 (A1) 和 (2-3) 第一式可得

$$\begin{aligned}
\|u\|_2 + \lambda\|p\|_1 &\leqslant C\lambda\|f\|_0 + C\lambda\|u\|_1^{3/2}\|u\|_2^{1/2}\\
&\leqslant C\lambda\|f\|_0 + \frac{1}{2}\|u\|_2 + C\lambda^2\|u\|_1^2.
\end{aligned} \tag{2-19}$$

化简式 (2-19) 可得

$$\begin{aligned}
\|u\|_2 + \lambda\|p\|_1 &\leqslant C\lambda\|f\|_0 + C\lambda^2\|u\|_1^2\\
&\leqslant C\lambda\|f\|_0 + C\lambda^4\|f\|_0^2,
\end{aligned} \tag{2-20}$$

最后, 由 (2-12) 和 (2-20) 可得

$$\begin{aligned}
\lambda\left\|(u\cdot\nabla)u + \frac{1}{2}(\operatorname{div}\, u)u - f\right\|_0 &\leqslant \lambda\|f\|_0 + C\lambda\|u\|_1^{3/2}\|u\|_2^{1/2}\\
&\leqslant C\lambda\|f\|_0 + C\lambda(\lambda\|f\|_0)^{3/2}(\lambda\|f\|_0 + \lambda^4\|f\|_0^2)^{1/2}\\
&\leqslant C\lambda\|f\|_0 + C\lambda^3\|f\|_0^2(1+\lambda^3\|f\|_0)^{1/2}.
\end{aligned}$$

□

2.4　二维非定常不可压缩 N-S 方程解的存在唯一性

考虑非定常 N-S 方程

$$
\begin{aligned}
&u_t - \nu\Delta u + \nabla p + (u\cdot\nabla)u = f, \quad \operatorname{div}\, u = 0, \quad (x,t)\in\Omega\times(0,T],\\
&u(x,0) = u_0(x), \quad x\in\Omega, \quad u(x,t)|_\Gamma = 0, \quad t\in[0,T].
\end{aligned}
\tag{2-21}
$$

它相应的变分形式为: 求解 $(u,p)\in X\times M, t\in[0,T]$, 使得对于任意的 $(v,q)\in X\times M$ 满足

$$
\begin{aligned}
(u_t,v)+\mathcal{B}((u,p);(v,q))+b(u,u,v)&=(f,v),\\
u(0)&=u_0.
\end{aligned}
\tag{2-22}
$$

根据初值 u_0 的光滑性和源项的稳定性, 我们给出三种假设:

(H1) 初值 $u_0\in V$ 和体积力 $f(x,t)$ 满足

$$
\|u_0\|_1 + \left[\int_0^T (\|f(t)\|_0^2 + \|f_t(t)\|_0^2)dt\right]^{1/2} \leqslant C.
$$

(H2) 初值 $u_0\in D(A)\cap V$ 和体积力 $f(x,t)$ 满足

$$
\|u_0\|_2 + \left[\int_0^T \left(\|f\|_0^2 + \|f_t\|_0^2\right)\ dt\right]^{1/2} \leqslant C.
$$

(H3) 初值 $u_0(x)$ 和源项 $f(x,t)$ 满足 $u_0\in D(A), f\in L^\infty(0,T;[H^1(\Omega)]^2), f_t, f_{tt}\in L^\infty(0,T;Y)$ 和

$$
\|Au_0\|_0 + \sup_{0\leqslant t\leqslant T}\{\|f(t)\|_1 + \|f_t(t)\|_0 + \|f_{tt}(t)\|_0\} \leqslant C.
$$

为了分析非定常 N-S 方程解存在唯一性及收敛性, 我们给出连续的 Gronwall 引理和几个定理.

引理 2.3 [72, 73]　$g(t)$, $\ell(t)$ 和 $\xi(t)$ 为三个非负函数, 对于 $t\in[0,T]$, 有

$$
\xi(t)+G(t)\leqslant C+\int_0^t \ell\ ds + \int_0^t g\xi\ ds,
$$

这里 $G(t)$ 是在 $[0,T]$ 上的非负函数, 则

$$
\xi(t)+G(t)\leqslant \left(C+\int_0^t \ell\ ds\right)\exp\left(\int_0^t g\ ds\right).
\tag{2-23}
$$

定理 2.3[74, 75] 假设 (A1) 和 (H1) 成立, 对于任意的 $T>0$, 存在唯一解 (u,p) 满足下面不等式

$$
\begin{aligned}
&\sup_{0<t\leqslant T}\|u(t)\|_1^2+\int_0^T(\|u(t)\|_2^2+\|p(t)\|_1^2+\|u_t(t)\|_0^2)dt\leqslant C,\\
&\sup_{0<t\leqslant T}\sigma(t)\left(\|u(t)\|_2^2+\|p(t)\|_1^2+\|u_t(t)\|_0^2\right)+\int_0^T\sigma(t)(\|u_t(t)\|_1^2+\|p_t(t)\|_0^2)dt\leqslant C,\\
&\sup_{0<t\leqslant T}\sigma^2(t)\|u_t(t)\|_1^2+\int_0^T\sigma^2(t)(\|u_t(t)\|_2^2+\|p_t(t)\|_1^2+\|u_{tt}(t)\|_0^2)dt\leqslant C,
\end{aligned}
\tag{2-24}
$$

这里 $\sigma(t)=\min\{1,\ t\}$.

定理 2.4 [64] 假设 (A1) 和 (H2) 成立, 对于任意的 $T>0$, 存在唯一解 (u,p) 满足下面不等式

$$
\begin{aligned}
&\sup_{0<t\leqslant T}(\|u(t)\|_2^2+\|p(t)\|_1^2+\|u_t(t)\|_0^2)\leqslant C,\\
&\sup_{0<t\leqslant T}\sigma(t)\|u_t(t)\|_1^2+\int_0^T\sigma(t)\left(\|u_t(t)\|_2^2+\|p_t(t)\|_1^2+\|u_{tt}(t)\|_0^2\right)dt\leqslant C.
\end{aligned}
\tag{2-25}
$$

第 3 章　定常不可压缩 Stokes 方程有限元方法

不可压缩流动是流体力学中的一个重要问题, 定常 Stokes 方程是它的一个简化模型. 本章提出低次等阶有限元新的稳定化方法：局部高斯积分稳定化方法, 并研究局部高斯积分稳定化方法关于协调有限元方法、非协调有限元方法和有限体积元方法的结果.

本章内容安排如下: 3.1 节, 定常 Stokes 方程协调有限元稳定化方法; 3.2 节, 定常 Stokes 方程非协调有限元稳定化方法; 3.3 节, 定常 Stokes 方程有限体积元稳定化方法.

3.1　定常 Stokes 方程协调有限元稳定化方法[11]

关于不可压缩流问题, 以往稳定有限元方法主要研究协调低次有限元方法, 本节选用构造巧妙、实用性强的低次等阶有限元, 我们提出的低次等阶有限元协调稳定化方法的主要优点是：计算简单高效、不依赖于稳定化参数、适应于非结构化网格.

3.1.1　理论分析

τ_h 表示正则三角或矩形剖分[4, 5, 7, 23, 76], $h\to 0$ 表示有限元的网格尺度. 有限元空间 (X_h, M_h) 满足下面的假设:

(A2) 有限元逼近性质: 对于任意的 $v\in X$ 和 $q\in M$, 存在有限元的逼近 $I_hv\in X_h$ 和 $J_hq\in M_h$ 满足

$$\|v-I_hv\|_0+h(\|v-I_hv\|_1+\|q-J_hq\|_0)\leqslant Ch^2(\|u\|_2+\|p\|_1). \tag{3-1}$$

对任意的 $v_h\in X_h,\ q_h\in M_h$, 逆不等式成立

$$\|\nabla v_h\|_0\leqslant Ch^{-1}\|v_h\|_0,\quad \|\nabla q_h\|_0\leqslant Ch^{-1}\|q_h\|_0. \tag{3-2}$$

(A3) inf-sup 条件: 对于任意的 $q_h \in X_h$,

$$\sup_{v_h \in X_h} \frac{d(v_h, q_h)}{\|v_h\|_1} \geqslant \beta \|q_h\|_0. \tag{3-3}$$

后面讨论的问题是: 用协调低次等阶有限元

$$X_h = \{v \in X: \ v_i \in R_1(K), \ i = 1, 2, \ \forall K \in \tau_h\},$$

$$M_h = \{q \in M: \ q \in R_1(K), \ \forall K \in \tau_h\}$$

求解 Stokes 方程, 由于不满足 (A3), 因此, 需要对压力进行补偿. 这里我们用局部残差: 相容刚度矩阵的高斯积分精度和低阶高斯积分精度刚度矩阵的残差

$$G(p_h, q_h) = \boldsymbol{p}(M_k - M_1)\boldsymbol{q}^{\mathrm{T}} = \boldsymbol{p}M_k\boldsymbol{q}^{\mathrm{T}} - \boldsymbol{p}M_1\boldsymbol{q}^{\mathrm{T}},$$

这里设

$$\boldsymbol{p} = [p_1, p_2, \cdots, p_N], \quad \boldsymbol{q}^{\mathrm{T}} = [q_1, q_2, \cdots, q_N]^{\mathrm{T}},$$

$$M_{ij} = (\psi_i, \psi_j), \quad p_h = \sum_{i=1}^{N} p_i \psi_i, \quad p_i = p_h(x_i), \quad \forall p_h \in M_h, \ i, j = 1, 2, \cdots, N,$$

其中 ψ_i 是在 Ω 上压力的基函数使得在 x_i 上的值为 1, 在其他节点上为零; 对称正定矩阵 M_k, $k \geqslant 2$ 和 M_1 是关于压力的分块矩阵, 分别在每个方向用 k 阶和一阶高斯积分; p_i 和 $q_i (i = 1, 2, \cdots, N)$ 是 p_h 和 q_h 在节点 x_i 的值; $\boldsymbol{p}^{\mathrm{T}}$ 是矩阵 $\boldsymbol{p}$ 的转置.

由上面的准备, 关于 Stokes 方程 (2-6) 局部高斯积分稳定化有限元方法变分形式可以表示为: 求解 $(u_h, p_h) \in (X_h, M_h)$, 使得满足方程

$$\mathcal{B}_h((u_h, p_h); (v_h, q_h)) = (f, v_h), \quad \forall (v_h, q_h) \in X_h \times M_h, \tag{3-4}$$

这里 $\mathcal{B}_h((u_h, p_h); (v_h, q_h)) = a(u_h, v_h) - d(v_h, p_h) + d(u_h, q_h) + G(p_h, q_h)$ 是稳定化有限元方法以后的双线性形式.

然后, 很容易得到变分形式 (3-4) 的线性代数方程:

$$\begin{pmatrix} A & -D \\ D^{\mathrm{T}} & G \end{pmatrix} \begin{pmatrix} U \\ P \end{pmatrix} = \begin{pmatrix} F \\ 0 \end{pmatrix},$$

这里 A, D 和 G 分别来自于双线性形式 $a(\cdot,\cdot)$, $d(\cdot,\cdot)$ 和 $G(\cdot,\cdot)$, F 是源项的变分形式, U 和 P 分别是速度和压力在节点的值, A, D 和 D^{T} 标准有限元方法所形成的矩阵. 因此, 基于局部高斯积分稳定化方法仅在每个有限元上增加了少量的工作.

定义 Π : $L^2(\Omega)\to R_0$ 为标准的 L^2 投影且满足

$$\begin{aligned}
&(p,q)=(\Pi p,q), \quad \forall p\in L^2(\Omega),\ q\in R_0,\\
&\|\Pi p\|_0\leqslant C\|p\|_0, \quad \forall p\in L^2(\Omega),\\
&\|p-\Pi p\|_0\leqslant Ch\|p\|_1, \quad \forall p\in H^1(\Omega),
\end{aligned} \tag{3-5}$$

这里 $R_0\subset L^2(\Omega)$ 表示在有限元 K 上的分片常数, 则可以重新写出双线性形式 $G(\cdot,\cdot)$ 为

$$G(p_h,q_h)=(p_h-\Pi p_h,q_h-\Pi q_h). \tag{3-6}$$

很明显, $G(p_h,q_h)$ 是由局部有限元产生的对称半正定矩阵.

关于离散稳定化双线性形式, 我们分析其连续性和弱强制性.

定理 3.1 假设 (3-5) 成立, 双线性形式 $\mathcal{B}_h((\cdot,\cdot);(\cdot,\cdot))$ 满足下面的性质:

(1) 连续性:

$$|\mathcal{B}_h((u_h,p_h);(v_h,q_h))|\leqslant C|||(u_h,p_h)|||\,|||(v_h,q_h)|||, \quad \forall(u_h,p_h),\ (v_h,q_h)\in X_h\times M_h. \tag{3-7}$$

(2) 弱强制性:

$$\beta|||(u_h,p_h)|||\leqslant \sup_{(v_h,q_h)\in X_h\times M_h}\frac{|\mathcal{B}_h((u_h,p_h);(v_h,q_h))|}{|||(v_h,q_h)|||}, \tag{3-8}$$

这里 β 仅仅依赖于 Ω.

证明 (1) 由双线性项 $a(\cdot,\cdot)$ 和 $d(\cdot,\cdot)$ 的连续性, 很容易得到双线性形式 $\mathcal{B}_h((\cdot,\cdot);(\cdot,\cdot))$ 的连续性.

(2) 由定理 2.1[70] 的结论: 对于任意的 $p_h\in M_h\subset M$, 存在正常数 c_0 和 $w\in X$ 满足

$$(\mathrm{div}w,p_h)=\|p_h\|_0^2, \quad \|w\|_1\leqslant C_0\|p_h\|_0. \tag{3-9}$$

假设 w 的有限元逼近 $w_h \in X_h$, 由 (A2) 和 (3-9) 可得

$$\|w_h\|_1 \leqslant C\|w\|_1 \leqslant C_1\|p_h\|_0. \tag{3-10}$$

然后, 对于任意的 $p_h \in M_h$, 对于双线性形式 $\mathcal{B}_h((\cdot,\cdot);(\cdot,\cdot))$ 中取 $(v,q)=(u_h-\alpha w_h, p_h)$, $0<\alpha\in R$, 这里

$$\alpha < \frac{2}{C_4\nu + C_3}. \tag{3-11}$$

由 (3-9)~(3-11) 和 Young 不等式, 有

$$\begin{aligned}
&\mathcal{B}_h((u_h,p_h);(u_h-\alpha w_h,p_h))\\
=&a(u_h,u_h)-\alpha a(u_h,w_h)+\alpha d(w_h,p_h)+G(p_h,p_h)\\
\geqslant&\nu\|u_h\|_1^2+G(p_h,p_h)-\alpha\nu\|u_h\|_1\|w_h\|_1+\alpha d(w_h-w,p_h)+\alpha d(w,p_h)\\
\geqslant&\frac{\nu}{2}\|u_h\|_1^2+G(p_h,p_h)+\alpha\|p_h\|_0^2-\frac{\nu\alpha^2}{2}\|w_h\|_1^2-C_2\alpha\|p_h-\Pi p_h\|_0\|p_h\|_0\\
\geqslant&\frac{\nu}{2}\|u_h\|_1^2+\alpha\left(1-\frac{C_4\nu\alpha}{2}-\frac{C_3\alpha}{2}\right)\|p_h\|_0^2+\frac{1}{2}G(p_h,p_h)\\
\geqslant&C_5|||(u_h,p_h)|||^2.
\end{aligned} \tag{3-12}$$

同时, 由三角不等式及 (3-10) 可得

$$|||(u_h-\alpha w_h,p_h)||| \leqslant C_6|||(u_h,p_h)|||. \tag{3-13}$$

最后, 结合 (3-12)~(3-13) 可得

$$\begin{aligned}
\sup_{(v_h,q_h)\in X_h\times M_h}\frac{\mathcal{B}_h((u_h,p_h);(v_h,q_h))}{|||(v_h,q_h)|||}\geqslant&\frac{\mathcal{B}_h((u_h,p_h);(u_h-\alpha w_h,p_h))}{|||(u_h-\alpha w_h,p_h)|||}\\
\geqslant&C_5\frac{|||(u_h,p_h)|||^2}{|||(u_h-\alpha w_h,p_h)|||}\\
\geqslant&C_5C_6^{-1}|||(u_h,p_h)|||.
\end{aligned} \tag{3-14}$$

因此, 令 $\beta=C_5/C_6$, 可得 (3-8). □

基于稳定性定理 3.1, 利用标准的 Galerkin 方法可得优化误差分析.

定理 3.2 在定理 3.1 假设下, (u,p) 和 (u_h,p_h) 分别是方程 (2-6) 和 (3-4) 的解, 则有

$$\|u-u_h\|_0+h(\|u-u_h\|_1+\|p-p_h\|_0)\leqslant Ch^2(\|u\|_2+\|p\|_1). \tag{3-15}$$

证明 从 (3-4) 减去 (2-6), 有

$$\mathcal{B}_h((u-u_h,p-p_h);(v_h,q_h))=G(p,q_h). \tag{3-16}$$

假设 $(e_h,\eta_h)=(I_hu-u_h,\rho_hp-p_h)$, 由 (A2) 和 (3-5)~(3-7) 可得

$$\begin{aligned}\mathcal{B}_h((e_h,\eta_h);(v_h,q_h))&=G(p,q_h)-\mathcal{B}_h((u-I_hu,p-\rho_hp);(v_h,q_h))\\&\leqslant Ch(\|u\|_2+\|p\|_1)|||(v_h,q_h)|||.\end{aligned} \tag{3-17}$$

显然, 由 (3-8), (3-17) 和假设 (A1) 得

$$\begin{aligned}\beta|||(e_h,\eta_h)|||&\leqslant\sup_{(v_h,q_h)\in X_h\times M_h}\frac{\mathcal{B}_h((e_h,\eta_h);(v_h,q_h))}{|||(v_h,q_h)|||}\\&\leqslant Ch(\|u\|_2+\|p\|_1).\end{aligned} \tag{3-18}$$

利用对偶技巧, 我们构造 Stokes 方程的对偶问题 $(\Phi,\Psi)\in X\times M$ 满足

$$B((v,q);(\Phi,\Psi))=(v,u-u_h), \tag{3-19}$$

结合假设 (A1) 可得下面正则性结论

$$\|\Phi\|_2+\|\Psi\|_1\leqslant C\|u-u_h\|_0. \tag{3-20}$$

然后在 (3-16) 中取 $(v_h,q_h)=(I_h\Phi,\rho_h\Psi)$, 在 (3-19) 中取 $(v,q)=(e,\eta)=(u-u_n,p-p_h)$, 两式相减并利用 (A2) 可得

$$\begin{aligned}\|e\|_0^2&\leqslant\mathcal{B}_h((e,\eta);(\Phi-I_h\Phi,\Psi-\rho_h\Psi))+G(p,\rho_h\Psi)-G(\eta,\Psi)\\&\leqslant C|||(e,\eta)|||\,|||(\Phi-I_h\Phi,\Psi-\rho_h\Psi)|||+Ch^2\|\Psi\|_1\|p\|_1\\&\leqslant Ch^2(\|u\|_2+\|p\|_1)(\|\Phi\|_2+\|\Psi\|_1)\leqslant Ch^2(\|u\|_2+\|p\|_1)\|e\|_0.\end{aligned} \tag{3-21}$$

最后, 结合 (3-18) 和 (3-21) 可得 (3-15). □

3.1.2 数值模拟

为补充验证本书给出的低次等阶有限元稳定化方法的高效性 [11], 给出定常 Stokes 方程新稳定化算法数值模拟. 这里采用两类数值例子: 一类是真解为三角

函数; 另一类是方腔流动问题. 数值试验中, 区域 Ω 是二维的单位正方形区域, 对区域 Ω 进行正则三角或矩形剖分. 速度和压力用等阶的分片线性多项式或分片双线性多项式逼近. 特别地, 我们给出新稳定化方法的具体形式:

$$G(p_h, q_h) = \sum_K \left\{ \int_{K,2} p_h q_h dxdy - \int_{K,1} p_h q_h dxdy \right\},$$

这里 $\int_{K,i} C(x,y)dxdy$ 在每个有限元 K 上由 $i = 1, 2$ 阶高斯积分精度计算; $C(x,y)$ 是多项式不超过二次的多项式函数.

(a) 三角函数真解例子: 首先, 给出如下的真解

$$u(x) = (u_1(x), u_2(x)), \quad p(x) = \cos(\pi x_1)\cos(\pi x_2),$$

$$u_1(x) = 2\pi \sin^2(\pi x_1)\sin(\pi x_2)\cos(\pi x_1),$$

$$u_2(x) = -2\pi \sin(\pi x_1)\sin^2(\pi x_2)\cos(\pi x_1).$$

它的右端项 $f(x,t)$ 由 Stokes 方程 (2-4) 和上述真解决定.

为了说明此方法的优点, 我们比较加罚方法 (penalty method) 和稳定元 P_1b–P_1 有限元方法 [96]、非协调 Crouzeix-Raviart 元和本书稳定化有限元方法求解 Stokes 方程的结果 [11,98]. 这里黏性系数取 $\nu = 0.1$, 网格尺度为 $h = 1/9,\ 1/18, \cdots, 1/63$ 时各种方法速度 L^2 和 H^1 相对误差和压力的 L^2 的相对误差.

正如理论所期望, 数值试验表明 Stokes 方程上述四种方法关于速度的结果几乎没有任何影响. 用加罚有限元方法压力结果有微弱的恶化, 只能得到次优化的误差结果[11,95], 这样的结果正符合了理论上的分析. 对于其他方法, 都可以得到优化阶误差分析. 从图 3-1 至图 3-3 和表 3-1 至表 3-5, 可以发现几种方法的速度收敛阶略好于理论的分析阶, 而对于压力则取得了超收敛的结果. 因此, 本章给出的局部高斯积分稳定化方法极好地反映了理论的结果. 此方法相对于 $P_1b - P_1$ 和 Crouzeix-Raviart 有限元配对对速度的逼近用更少的节点数, 而仅仅对压力增加很少的节点, 因此节省了很大的工作量.

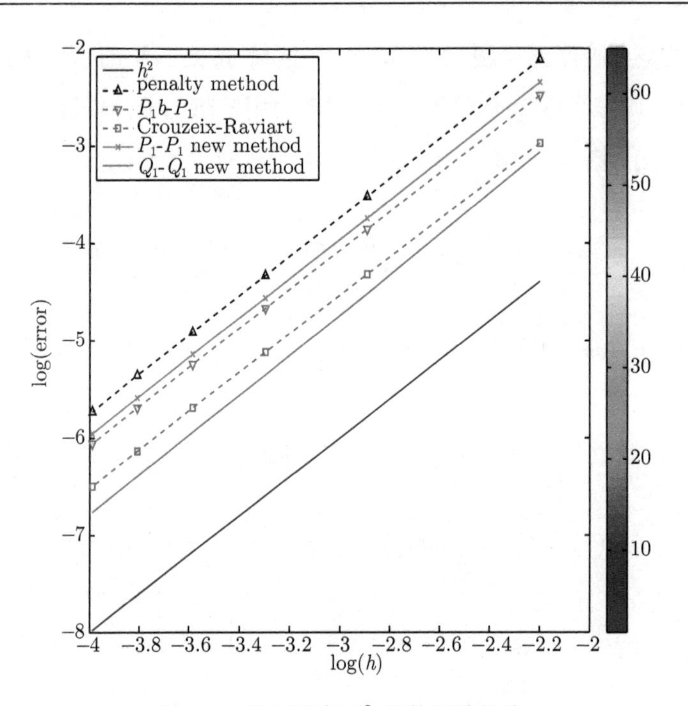

图 3-1　关于速度 L^2 范数误差的阶

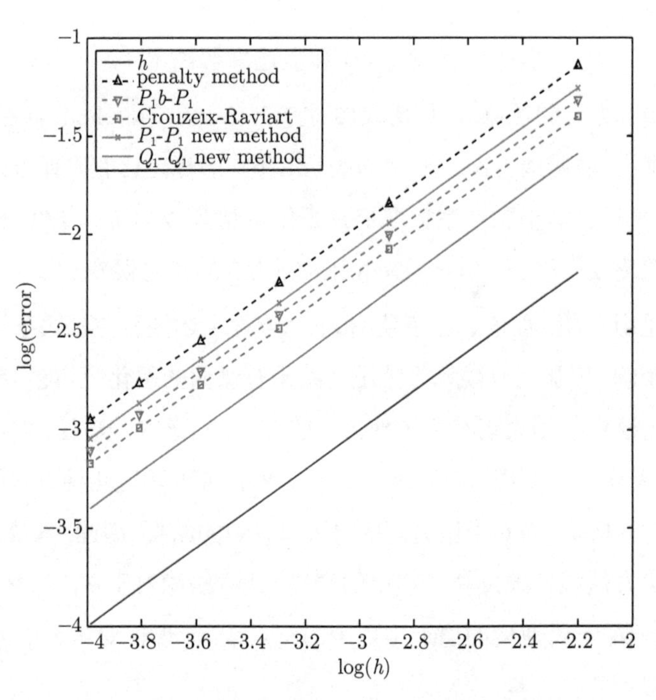

图 3-2　关于速度 H^1 误差收敛阶

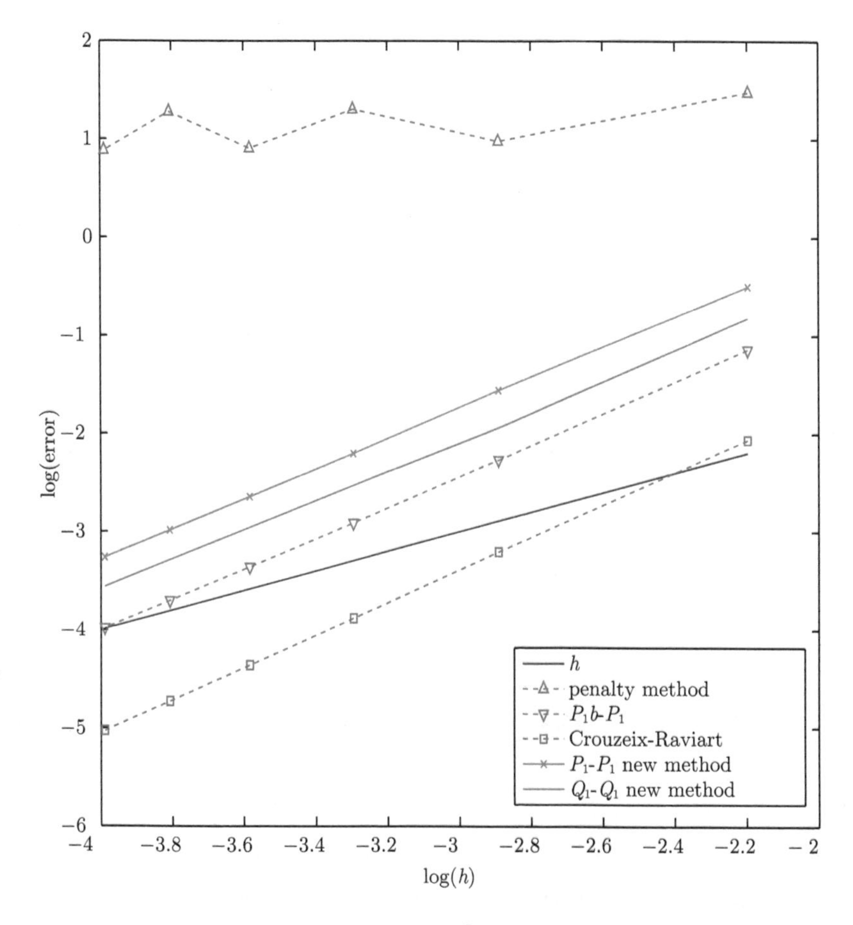

图 3-3 关于压力 L^2 误差收敛阶

表 3-1 低次等阶有限元 P_1-P_1 加罚方法数值结果

$1/h$	节点数	$\dfrac{\|u-u_h\|_0}{\|u\|_0}$	$\dfrac{\|u-u_h\|_1}{\|u\|_1}$	$\dfrac{\|p-p_h\|_0}{\|p\|_0}$	E
9	300	0.120514	0.318893	4.38068	0.024637
18	1083	0.0295775	0.157626	2.65867	0.00385689
27	2352	0.0131625	0.105535	3.67675	0.00120793
36	4107	0.00733287	0.0785264	2.47065	0.000515161
45	6348	0.00472025	0.0632279	3.58839	0.000263719
54	9075	0.00325007	0.0522904	2.42104	0.000152223
63	12288	0.00240418	0.0451334	3.55485	9.55444e−5

表 3-2　标准 Galerkin 方法数值结果：P_1b-P_1

$1/h$	节点数	$\frac{\|u-u_h\|_0}{\|u\|_0}$	$\frac{\|u-u_h\|_1}{\|u\|_1}$	$\frac{\|p-p_h\|_0}{\|p\|_0}$	E
9	462	0.0832229	0.267845	0.318652	0.0233318
18	1731	0.0211391	0.134717	0.103269	0.00317774
27	3810	0.00939926	0.0898021	0.0542934	0.000959934
36	6699	0.00528358	0.0673226	0.0347582	0.000406991
45	10398	0.00337916	0.0538372	0.0246851	0.000208763
54	14907	0.00234527	0.0448504	0.018694	0.000120891
63	20226	0.00172223	0.0384336	0.0147901	7.62204e−5

表 3-3　标准 Galerkin 方法数值结果：Crouzeix-Raviart

$1/h$	节点数	$\frac{\|u-u_h\|_0}{\|u\|_0}$	$\frac{\|u-u_h\|_1}{\|u\|_1}$	$\frac{\|p-p_h\|_0}{\|p\|_0}$	E
9	622	0.0510789	0.246385	0.12699	0.0192609
18	2377	0.0133398	0.125117	0.0405387	0.00240484
27	5266	0.00598753	0.0836939	0.0205706	0.000693602
36	9289	0.00338082	0.0628541	0.0127576	0.000287581
45	14446	0.00216782	0.0503176	0.00883938	0.000147057
54	20737	0.00150708	0.0419483	0.00656755	8.51214e−5
63	28162	0.00110801	0.0359653	0.00511881	5.36368e−5

表 3-4　新稳定化有限元数值结果：P_1-P_1

$1/h$	节点数	$\frac{\|u-u_h\|_0}{\|u\|_0}$	$\frac{\|u-u_h\|_1}{\|u\|_1}$	$\frac{\|p-p_h\|_0}{\|p\|_0}$	E
9	300	0.095267	0.28463	0.606126	0.0237776
18	1083	0.0236633	0.142938	0.210301	0.00330732
27	2352	0.0104555	0.0953003	0.11044	0.00100786
36	4107	0.00586073	0.0714477	0.0709344	0.000427237
45	6348	0.00374227	0.0571378	0.0504956	0.000218759
54	9075	0.00259459	0.0476009	0.038323	0.00012649
63	12288	0.00190393	0.0407912	0.0303754	7.95821e−5

表 3-5 新稳定化有限元数值结果: Q_1-Q_1

$1/h$	节点数	$\frac{\Vert u-u_h\Vert_0}{\Vert u\Vert_0}$	$\frac{\Vert u-u_h\Vert_1}{\Vert u\Vert_1}$	$\frac{\Vert p-p_h\Vert_0}{\Vert p\Vert_0}$	E
9	300	0.04656	0.2038	0.4393	0.0129840
18	1083	0.01091	0.1010	0.1434	0.00151794
27	2352	0.004740	0.06708	0.07964	0.000444192
36	4107	0.002635	0.05021	0.05201	0.000188064
45	6348	0.001674	0.04012	0.03734	9.62840e−5
54	9075	0.001157	0.03341	0.02845	5.56729e−5
63	12288	0.0008473	0.02862	0.02261	3.50230e−5

这里, 节点个数计算公式为 $\text{Node} = 2 \times u_{\text{Node}} + p_{\text{Node}}$. 对于 P_1b 有限元的个数按速度分量在每个有限元内增加一个节点. 同时, 定义不可压缩条件计算的指标量 E:

$$E = \max_K \left| \int_K \text{div} u_h dx \right| = \max_K \left| \int_{K,2} p_h dx - \int_{K,1} p_h dx \right|.$$

由表 3-1 至表 3-5 的结果可以发现新稳定化方法符合理论上的结果, 且对不可压缩条件并没有产生负面的影响, 几乎保持质量守恒.

(b) 方腔流动问题: 方腔流动问题被大量地运用于不可压缩流动力系统的算法检验. 通常从大多数物理例子来看, 对二维不可压缩流体奇异性的研究非常重要. 在这个试验中, 考虑一个沿着上部移动的四边形方腔模型, 它仅仅在方腔的上部以初速度为 $u = (1, 0)$ 移动. 我们给出加罚方法、P_1b-P_1 方法和新稳定化方法对 P_1-P_1 和 Q_1-Q_1 的应用. 从速度的流线图和压力的等高线可以得到新的稳定化方法具有和 P_1b-P_1 有限元相同的结果 (图 3-4).

总之, 新稳定化方法具计算简单、高效、容易操作, 同时近似保持局部质量守恒.

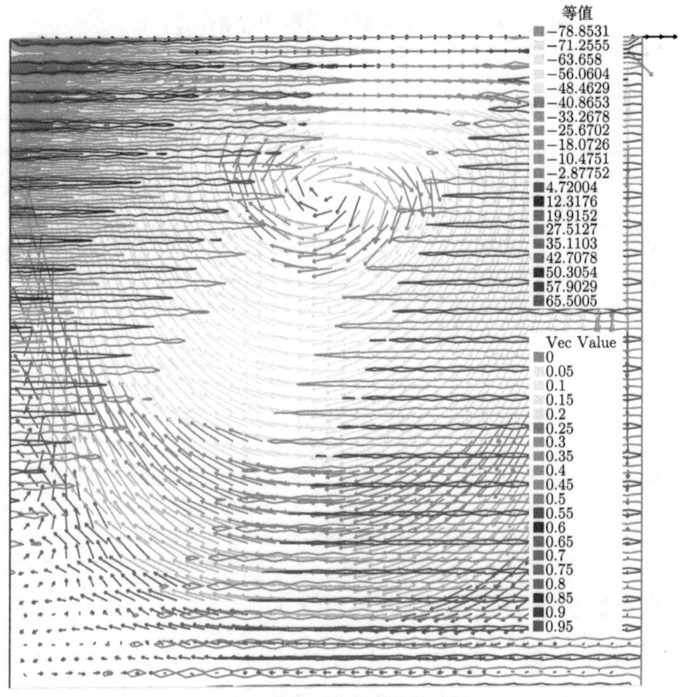

(a) 关于方腔问题速度场和压力等压线：P_1-P_1

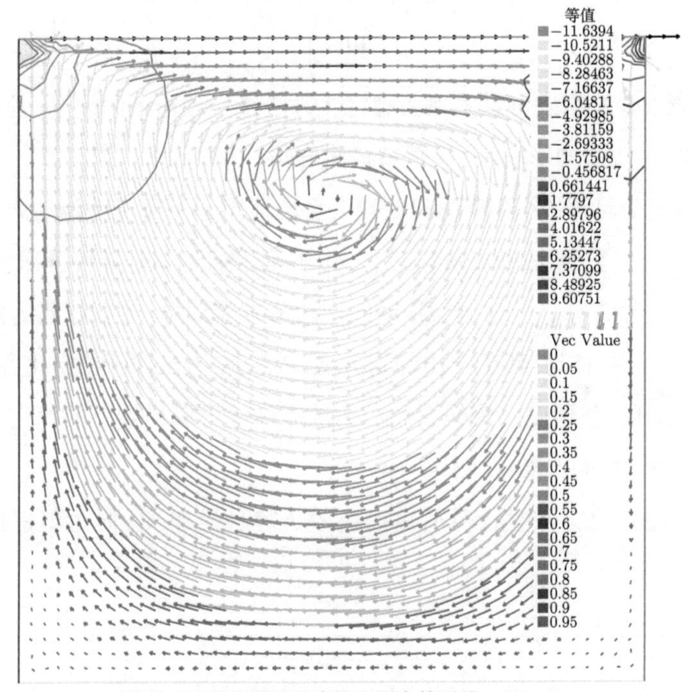

(b) 关于方腔问题的速度场和压力等压线：P_1b-P_1

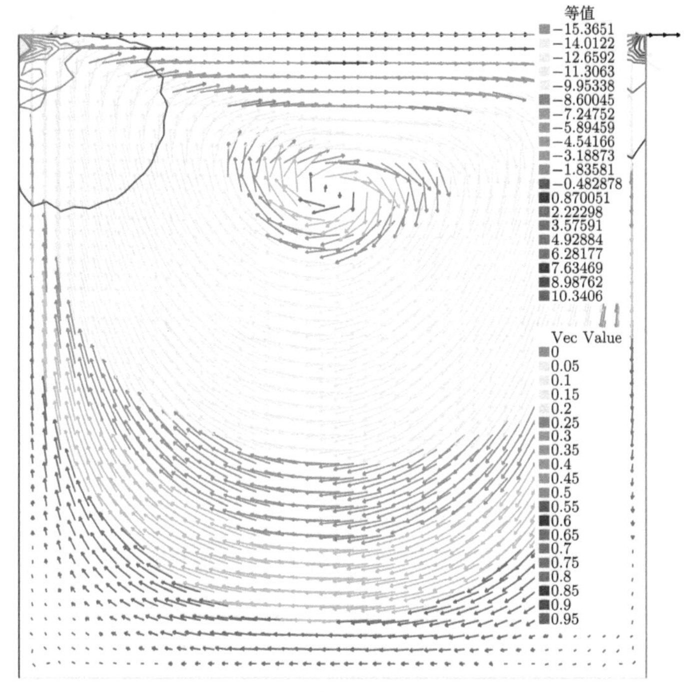

(c) 关于方腔问题的新稳定化方法的速度场和压力等压线：P_1-P_1

图 3-4

3.2 定常 Stokes 方程有限体积元稳定化方法[29]

有限差分方法和有限元方法是两种求解偏微分方程重要的方法, 而有限体积元方法结合了有限差分和有限元方法两者的优点, 它既保持了实际应用中相关的守恒性, 又可以解决复杂区域的偏微分问题.

有限体积元方法又称有限体积方法或一阶广义差分方法, 许多文献集中于二阶椭圆和抛物偏微分方程[77-81]. 关于 H^1 范数的优化误差分析相似于有限元方法[78,82-84], L^2 范数优化估计可参考文献 [79,82]. 尽管许多专家进行了 Stokes 方程有限体积元方法的研究[85-88], 他们利用有限元与有限体积元方法之间的联系, 通过对有限元理论分析进而得到有限体积元的理论结果.

关于不可压缩流有限体积元方法, 需要满足 inf-sup 条件. P_1-P_0 宏元方法是比较常见的配对. 此种配对虽然满足离散 inf-sup 条件, 而交错网格的效果理论上相当于 P_2-P_0, 但数值上不能达到 P_2-P_0 的效果, 因此, 投入了大量节点需要很多的计算量.

本节继续 3.1 节的研究, 讨论关于 Stokes 方程等阶线性有限元 P_1-P_1 有限体积元稳定化方法[29]. 这种方法可以取得与有限元相同的系数矩阵, 因此可以保证低次等阶稳定有限元方法的所有优点, 而且 Petrol-Galerkin 计算相对更为简单且能保持物理方面的守恒性. 特别地, 很少人研究速度的 L^2 范数误差分析, 本节给出了关于速度的 L^2 范数估计.

3.2.1 理论分析

关于三角剖分 τ_h, $\mathcal{P}$ 包含所有内节点的集合; N 表示总体的节点数. 为了阐述有限体积元方法, 介绍基于剖分 τ_h 的对偶单元 $\widetilde{K}$: 对于每个单元 $K \in K_h$ 的节点 P_j, $j = 1, 2, 3$, 连接其重心 O 和内边界的中点 M_j 构成控制体积 (图 3-5).

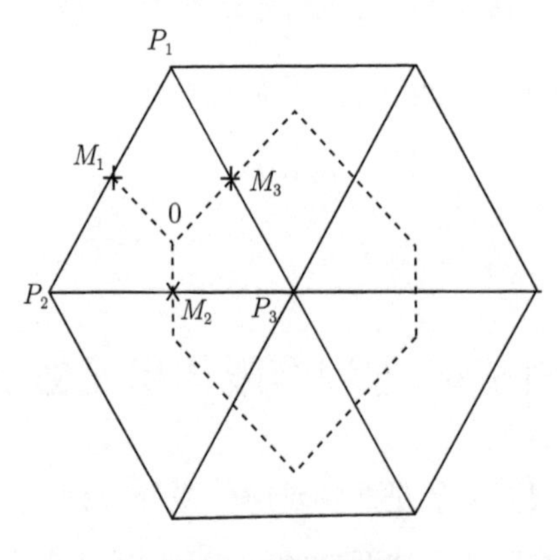

图 3-5 控制体积

首先, 给出对偶有限元空间定义

$$\widetilde{X}_h = \left\{ \widetilde{v} \in \left[L^2(\Omega)\right]^2 : \widetilde{v}|_{\widetilde{K}} \in [P_0(\widetilde{K})]^2,\ \ \forall \widetilde{K} \in \widetilde{K}_h,\ \widetilde{v}|_{\partial\Omega} = 0 \right\}.$$

明显地, X_h 和 $\widetilde{X}_h$ 具有相同的维数. 因此, 存在一个逆线性投影: $\Gamma_h : X_h \to \widetilde{X}_h$, 对于

$$v_h(x) = \sum_{j=1}^{N} v_j \phi_j(x), \quad x \in \Omega,\ v_h \in X_h, \tag{3-22}$$

满足

$$\Gamma_h v_h(x) = \sum_{j=1}^{N} v_j \chi_j(x), \quad x \in \Omega,\ v_h \in X_h, \tag{3-23}$$

这里 $v_j = v_h(P_j)$, $\{\phi_j\}$ 表示有限元空间 X_h 的基. $\{\chi_j\}$ 表示对偶空间 $\widetilde{X}_h$ 的基函数, 即为相应对偶单元 $\widetilde{K}_h$ 上的特征函数:

$$\chi_j(x) = \begin{cases} 1, & x \in \widetilde{K}_j \in \widetilde{K}_h, \\ 0, & \text{其他}. \end{cases}$$

上述 Petrov-Galerkin 方法的思想最早可见文献 [83, 89] 对椭圆问题的研究, 而且 Γ_h 满足下面的性质[90].

引理 3.1 对于 $K \in K_h$, 如果 $v_h \in X_h$ 且 $1 \leqslant r \leqslant \infty$, 则有

$$\begin{aligned} \int_K (v_h - \Gamma_h v_h) dx &= 0, \\ \|v_h - \Gamma_h v_h\|_{L^r(K)} &\leqslant \kappa h_K \|v_h\|_{W^{1,r}(K)}, \end{aligned} \tag{3-24}$$

这里 h_K 是有限元 K 的网格尺度.

给方程 (2-4) 第一式两边同时乘以 $\Gamma_h v_h \in \widetilde{X}_h$ 并关于对偶单元 $\widetilde{K} \in \widetilde{K}_h$ 积分, 同时给方程 (2-4) 第二式同时乘以 $q_h \in M_h$ 在初始单元 $K \in K_h$ 进行积分, 应用 Green 公式, 给出有限体积元方法的变分形式, 则关于定常 Stokes 方程新稳定有限体积元方法变分形式为: 求解 $(\widetilde{u}_h, \widetilde{p}_h) \in X_h \times M_h$, 使得满足

$$A(\widetilde{u}_h, \Gamma_h v_h) + D(\Gamma_h v_h, \widetilde{p}_h) + d(\widetilde{u}_h, q_h) + G(\widetilde{p}_h, q_h) = (f, \Gamma_h v_h), \quad \forall (v_h, q_h) \in X_h \times M_h. \tag{3-25}$$

$$\begin{aligned} A(u_h, \Gamma_h v_h) &= -\sum_{j=1}^{N} v_h(P_j) \cdot \int_{\partial \widetilde{K}_j} \frac{\partial u_h}{\partial n} ds, \quad u_h,\ v_h \in X_h, \\ D(\Gamma_h v_h, p_h) &= \sum_{j=1}^{N} \int_{\widetilde{K}_j} \nabla q_h \cdot \Gamma_h v_h \, dx, \quad p_h \in M_h, \\ (f, \Gamma_h v_h) &= \sum_{j=1}^{N} v_h(P_j) \cdot \int_{\widetilde{K}_j} f \, dx, \quad v_h \in X_h. \end{aligned} \tag{3-26}$$

下面主要阐述有限元与有限体积元之间的联系.

引理 3.2 双线性形式 $A(\cdot,\cdot)$ 和 $a(\cdot,\cdot)$ 有下面的联系:

$$A(u_h,\Gamma_h v_h)=a(u_h,v_h),\quad \forall u_h,\ v_h\in X_h, \tag{3-27}$$

并满足

$$\begin{aligned}&A(u_h,\Gamma_h v_h)=A(v_h,\Gamma_h u_h),\\&|A(u_h,\Gamma_h v_h)|\leqslant\kappa\|u_h\|_1\|v_h\|_1,\\&|A(v_h,\Gamma_h v_h)|\geqslant\kappa\|v_h\|_1^2.\end{aligned} \tag{3-28}$$

同时, 双线性形式 $D(\cdot,\cdot)$ 满足

$$D(\Gamma_h v_h,q_h)=-d(v_h,q_h),\quad \forall(v_h,q_h)\in X_h\times M_h. \tag{3-29}$$

证明 (3-27)~(3-28) 的结果见文献 [88]. 下面主要证明 (3-29). 对于 $(v_h,q_h)\in X_h\times M_h$, 由 $D(\cdot,\cdot)$ 的定义, (3-26) 和 Green 公式有

$$\begin{aligned}D(\Gamma_h v_h,q_h)=&\sum_{j=1}^{N}\int_{\widetilde{K}_j}\nabla q_h\cdot\Gamma_h v_h\,dx\\=&\sum_{j=1}^{N}\sum_{K\in K_h}\int_{K\cap\widetilde{K}_j}\nabla q_h\cdot\Gamma_h v_h\,dx\\=&\sum_{K\in K_h}\int_K\nabla q_h\cdot v_h\,dx\\=&-(\mathrm{div}\ v_h,q_h)=-d(v_h,q_h),\end{aligned} \tag{3-30}$$

即为 (3-28). □

关于有限体积元方法 (3-25), 定义 $(X_h,M_h)\times(X_h,M_h)$ 上的双线性形式 $\mathcal{C}_h((\cdot,\cdot);(\cdot,\cdot))$ 如下:

$$\mathcal{C}_h((\widetilde{u}_h,\widetilde{p}_h);(v_h,q_h))=A(\widetilde{u}_h,\Gamma_h v_h)+D(\Gamma_h v_h,\widetilde{p}_h)+d(\widetilde{u}_h,q_h)+G(\widetilde{p}_h,q_h). \tag{3-31}$$

由引理 3.2 和 (3-24), 我们很容易给出下面的稳定性分析.

定理 3.3 双线性形式 $\mathcal{C}_h((\cdot,\cdot);(\cdot,\cdot))$ 满足连续性条件

$$|\mathcal{C}_h((\widetilde{u}_h,\widetilde{p}_h);(v_h,q_h))|\leqslant C\left(\|\widetilde{u}_h\|_1+\|\widetilde{p}_h\|_0\right)\left(\|v_h\|_1+\|q_h\|_0\right),$$

$$\forall(\widetilde{u}_h,\widetilde{p}_h),\ (v_h,q_h)\in X_h\times M_h \tag{3-32}$$

和弱强制性条件

$$\sup_{(v_h,q_h)\in X_h\times M_h}\frac{|\mathcal{C}_h((\widetilde{u}_h,\widetilde{p}_h);(v_h,q_h))|}{\|v_h\|_1+\|q_h\|_0}\geqslant\beta\left(\|\widetilde{u}_h\|_1+\|\widetilde{p}_h\|_0\right),$$
$$\forall(\widetilde{u}_h,\widetilde{p}_h)\in X_h\times M_h. \tag{3-33}$$

由稳定性定理可得: 定常 Stokes 方程变分形式 (3-25) 存在唯一解 $(\widetilde{u}_h,\widetilde{p}_h)\in X_h\times M_h$. 下面给出误差分析.

定理 3.4 定义 (u,p) 和 $(\widetilde{u}_h,\widetilde{p}_h)$ 分别为方程 (2-6) 和 (3-25) 的解, 则

$$\|u-\widetilde{u}_h\|_1+\|p-\widetilde{p}_h\|_0\leqslant Ch\left(\|u\|_2+\|p\|_1+\|f\|_0\right). \tag{3-34}$$

证明 从 (3-4) 减去 (3-25) 可得

$$\mathcal{C}_h((u_h-\widetilde{u}_h,p_h-\widetilde{p}_h);(v_h,q_h))=(f,v_h-\Gamma_hv_h),\quad\forall(v_h,q_h)\in X_h\times M_h. \tag{3-35}$$

设 $(e,\eta)=(u_h-\widetilde{u}_h,p_h-\widetilde{p}_h)$, 由 (3-26) 和 (3-33) 可得

$$\sup_{(v_h,q_h)\in X_h\times M_h}\frac{|\mathcal{C}_h((e,\eta);(v_h,q_h))|}{\|v_h\|_1+\|q_h\|_0}\geqslant\beta\left(\|e\|_1+\|\eta\|_0\right),$$
$$|(f,v_h-\Gamma_hv_h)|\leqslant Ch\|f\|_0\|v_h\|_1. \tag{3-36}$$

结合 (3-32)~(3-33), 有

$$\|e\|_1+\|\eta\|_0\leqslant Ch\left(\|u\|_2+\|p\|_1+\|f\|_0\right), \tag{3-37}$$

利用 (3-37) 和 (3-15) 得到 (3-34). □

为了得到 $\chi=u-\widetilde{u}_h$ 的 L^2 误差估计, 定义

$$\mathcal{B}((v,q);(\Phi,\Psi))=a(v,\Phi)+d(v,\Psi)-d(\Phi,q),\quad(v,q),\ (\Phi,\Psi)\in X\times M.$$

考虑对偶方程: 求解 $(\Phi,\Psi)\in X\times M$ 满足

$$\mathcal{B}((v,q);(\Phi,\Psi))=(v,\chi),\quad\forall(v,q)\in X\times M. \tag{3-38}$$

由于区域 Ω 是凸的, 方程 (3-38) 的解满足

$$\|\Phi\|_2+\|\Psi\|_1\leqslant C\|\chi\|_0. \tag{3-39}$$

定理 3.5　设 (u,p) 和 $(\widetilde{u}_h,\widetilde{p}_h)$ 是方程 (2-6) 和 (3-25) 的解. 如果 $f\in H^1(\Omega)$, 则有

$$\|u-\widetilde{u}_h\|_0\leqslant Ch^2\left(\|u\|_2+\|p\|_1+\|f\|_1\right). \tag{3-40}$$

证明　在方程 (3-38) 中取 $(v,q)=(\chi,\varpi)=(u-\widetilde{u}_h,p-\widetilde{p}_h)$, 利用引理 3.2 在方程 (2-6) 与 (3-25) 相减并取 $(v_h,q_h)=(I_h\Phi,J_h\Psi)$, 两式相减可得

$$\begin{aligned}\|u-\widetilde{u}_h\|_{L^2(\Omega)}^2=&\mathcal{B}_h((\chi,\varpi);(\Phi-I_h\Phi,\Psi-J_h\Psi))\\&+(f,I_h\Phi-\Gamma_hI_h\Phi)+G(p,J_h\Psi).\end{aligned} \tag{3-41}$$

明显地, 由 (3-5) 和 (A2) 可得

$$\begin{aligned}|G(p,J_h\Psi)|&\leqslant Ch^2\|p\|_1\|\Psi\|_1\leqslant Ch^2\|p\|_1\|u-\widetilde{u}_h\|_0,\\&|\mathcal{B}_h((\chi,\varpi),(\Phi-I_h\Phi,\Psi-J_h\Psi))|\\&\leqslant\left(\|\chi\|_1+\|\varpi\|_0\right)\left(\|\Phi-I_h\Phi\|_1+\|\Psi-J_h\Psi\|_0\right)\\&\leqslant Ch^2\left(\|u\|_2+\|p\|_1+\|f\|_0\right)\left(\|\Phi\|_2+\|\Psi\|_1\right)\\&\leqslant Ch^2\left(\|u\|_2+\|p\|_1+\|f\|_0\right)\|u-\widetilde{u}_h\|_0.\end{aligned} \tag{3-42}$$

再者, 由 (3-5) 和 (3-24) 有

$$\begin{aligned}|(f,I_h\Phi-\Gamma_hI_h\Phi)|=&|(f-\Pi f,I_h\Phi-\Gamma_hI_h\Phi)|\\\leqslant&\|f-\Pi f\|_0\|I_h\Phi-\Gamma_hI_h\Phi\|_0\\\leqslant&Ch^2\|f\|_1\|\nabla I_h\Phi\|_0\\\leqslant&Ch^2\|f\|_1\|u-\widetilde{u}_h\|_0.\end{aligned} \tag{3-43}$$

用 (3-41)~(3-43) 可推出 (3-40).　□

3.2.2　与有限元方法之间联系

利用相同的低次元 P_1-P_1 或 P_1-P_0 逼近 Stokes 问题, 局部高斯积分稳定化有限元方法和相应的有限体积方法具有如下的关系:

(1) 具有相同的矩阵;

(2) 两类离散空间具有相同的维数;

(3) 速度 H' 范数和压力 L^2 范数估计相同;

(4) 速度梯度和压力 L^∞ 范数估计相同;

(5) 两种离散方法的解具有超逼近性质;

(6) 在 $f \in H'$ 情况下, 此有限体积方法与相应有限元方法解的速度 L^2 模估计相同.

3.2.3 数值分析

理论上, 本章中线性等阶有限元 P_1-P_1 有限体积元稳定化方法与相应的有限元稳定方法关于 Stokes 方程具有相同的系数矩阵. 数值算例本节予以省略.

3.3 定常 Stokes 方程非协调有限元稳定化方法[30]

我们在本节提出 Stokes 方程非协调有限元新稳定化方法. 与协调有限元相比, 由于非协调有限元的简单性且具有最小支集的基函数, 可以缓解协调有限元的高阶连续性, 且更容易满足 inf-sup 条件, 因此关于不可压缩流计算非协调有限元更为流行.

众所周知, 低阶的 Crouzeix-Raviart 元是目前求解不可压缩 Stokes 方程的最低阶稳定有限元配对[92], 这种有限元配对对于双线性元的推广见文献 [91].

基于 3.1 节提出的局部高斯积分稳定化方法, 本节提出 Stokes 方程的非协调有限元 NCP_1-P_1 新稳定化方法[30]. 事实上, 本节的方法可以很容易推广到其他的旋转非协调线性或双线性有限元配对. 本节的有限元配对 NCP_1-P_1 不同于一些经典的有限元配对 Crouzeix-Raviart 元[92]、P_2-P_0 元、MINI 元 P_1b-P_1[93]、Taylor-Hood P_2-P_1 元[94], 以及关于低次 $P_1 - P_1$ 新稳定化有限元方法. 当前的非协调有限元配对从计算角度更为高效.

3.3.1 理论分析

关于正则三角剖分 τ_h 满足 $\overline{\Omega} = \cup_{K_j \in T_h} \overline{K}_j$. 定义外边界和内边界分别为 $\gamma_j =$

$\partial\Omega\cap\partial K_j$ 和 $\gamma_{jk}=\gamma_{kj}=\partial K_j\cap\partial K_k$. 两种边界 γ_j 和 γ_{jk} 的中点为 ξ_j 和 ξ_{jk}. 本节主要研究如下的有限元配对 (为了区别协调有限元配对, 我们给出下面的符号):

$$\mathcal{NCP}_1=\{v\in Y: v|_K\in\left[P_1(K)\right]^2,\ v(\xi_{kj})=v(\xi_{jk}),\ v(\xi_j)=0,\forall j,\ k,\ K\in T_h\},$$

$$\mathcal{P}_1=\{q\in H^1(\Omega): q|_K\in P_1(K),\forall K\in T_h\}.$$

特别地, 非协调有限元空间 $\mathcal{NCP}_1$ 已不是空间 X 的子集. 因此, 本节的分析方法区别于 3.1 节的方法.

首先, 定义能量范数:

$$\|v\|_{1,h}=\left(\sum_j|v|_{1,K_j}^2\right)^{1/2},\quad v\in\mathcal{NCP}_1.$$

接着给出两种有限元的逼近性质: 对于任意的 $(v,q)\in H^2(\Omega)\times H^1(\Omega)$, 存在 $v_I\in\mathcal{NCP}_1$ 和 $q_I\in\mathcal{P}_1$ 满足

$$\|v-v_I\|_0+h(\|v-v_I\|_{1,h}+\|q-q_I\|_0)\leqslant Ch^2(\|v\|_2+\|q\|_1). \tag{3-44}$$

关于非协调线性有限元, 对所有的指标 j 和 k 有

$$\int_{\gamma_{jk}}[v]ds=0,\quad\forall v\in\mathcal{NCP}_1 \tag{3-45}$$

和

$$\int_{\Gamma_j}vds=0,\quad\forall v\in\mathcal{NCP}_1, \tag{3-46}$$

这里 $[v]=v|_{\gamma_{jk}}-v|_{\gamma_{kj}}$ 表示 v 在边界 γ_{jk} 的跳跃. 这个条件也适合于旋转的 Q_1 有限元.

定义 $(\cdot,\cdot)_j=(\cdot,\cdot)_{K_j}$, $\langle\cdot,\cdot\rangle_j=(\cdot,\cdot)_{\partial K_j}$ 和 $|\cdot|_{m,j}=|\cdot|_{m,K_j}$. 然后, 我们给出双线性形式

$$a_h(u,v)=\sum_j(\nabla u,\nabla v)_j,\quad d_h(v,p)=\sum_j(\text{div }v,q)_j,$$
$$u|_j,\ v|_j\in\left[H^1(K_j)\right]^2,\quad q\in L^2(\Omega). \tag{3-47}$$

对于非协调有限元空间 $\mathcal{NCP}_1$, 定义局部算子 $\Pi_j:\ [H^1(K_j)]^2\to\mathcal{NCP}_1(K_j)$ 满足

$$\int_{\partial K_j}(v-\Pi_jv)\,ds=0. \tag{3-48}$$

局部算子满足[91]

$$|v-\Pi_j v|_{1,j}\leqslant Ch^i|v|_{i+1,j},\quad v\in H^{i+1}(K_j),\quad i=0,1, \tag{3-49}$$

$$\|\Pi_j v\|_{1,j}\leqslant C\|v\|_{1,j}. \tag{3-50}$$

全局算子 $\Pi_h: X\to\mathcal{NCP}_1$ 可被定义为

$$\Pi_h v|_j=\Pi_j v,\quad v\in\mathcal{X}.$$

则由 (2-8), (3-48) 和 (3-50) 可得下面的引理.

引理 3.3 如果算子 $\Pi_h: X\to\mathcal{NCP}_1$ 满足下面的性质

$$d_h(v-\Pi_h v,q_h)=0,\quad \forall q_h\in P_0,\quad \|\Pi_h v\|_{1,h}\leqslant C\|v\|_1,\quad \forall v\in\mathcal{X}. \tag{3-51}$$

则离散的 inf-sup 条件成立, 即

$$\sup_{0\neq v_h\in\mathcal{NCP}_1}\frac{|d(v_h,q_h)|}{\|v_h\|_{1,h}}\geqslant\beta\|q_h\|_0,\quad \forall q_h\in P_0, \tag{3-52}$$

这里 β 不依赖于 h.

为了统一起见, 我们利用 3.1 节的稳定化方法, 定义稳定项 $G_h(p_h,q_h)=G(p_h,q_h)$. 特别地, $G_h(\cdot,\cdot)$ 满足 (3-5)~(3-6), 则 Stokes 方程相应的离散形式定义为: 求解 $(u_h,p_h)\in\mathcal{NCP}_1\times\mathcal{P}_1$, 使得满足

$$\mathcal{B}_h((u_h,p_h);(v_h,q_h))=(f,v_h),\quad \forall(v_h,q_h)\in\mathcal{NCP}_1\times\mathcal{P}_1, \tag{3-53}$$

这里

$$\mathcal{B}_h((u_h,p_h);(v_h,q_h))=a_h(u_h,v_h)-d_h(v_h,p_h)-d_h(u_h,q_h)-G_h(p_h,q_h),$$

表示有限元空间 $(\mathcal{NCP}_1,\mathcal{P}_1)\times(\mathcal{NCP}_1,\mathcal{P}_1)$ 上的双线性形式. 下面给出相关稳定化定理.

定理 3.6 双线性形式 $\mathcal{B}_h((\cdot,\cdot);(\cdot,\cdot))$ 满足连续性

$$|\mathcal{B}_h((u_h,p_h);(v_h,q_h))|\leqslant C(\|u_h\|_{1,h}+\|p_h\|_0)(\|v_h\|_{1,h}+\|q_h\|_0),$$

$$(u_h, p_h),\ (v_h, q_h) \in \mathcal{NCP}_1 \times \mathcal{P}_1 \tag{3-54}$$

和强制性

$$\begin{aligned}&\sup_{0\neq(v_h,q_h)\in\mathcal{NCP}_1\times\mathcal{P}_1} \frac{|\mathcal{B}_h((u_h,p_h);(v_h,q_h))|}{\|v_h\|_{1,h}+\|q_h\|_0}\\ \geqslant&\beta(\|u_h\|_{1,h}+\|p_h\|_0),\quad (u_h,p_h)\in\mathcal{NCP}_1\times\mathcal{P}_1.\end{aligned} \tag{3-55}$$

证明　利用 (3-5)~(3-6), 可得连续性结果:

$$\begin{aligned}&|\mathcal{B}_h((u_h,p_h);(v_h,q_h))|\\ =&|a_h(u_h,v_h)-d_h(v_h,p_h)-d_h(u_h,q_h)-G_h(p_h,q_h)|\\ \leqslant& C(\|u_h\|_{1,h}\|v_h\|_{1,h}+\|v_h\|_{1,h}\|p_h\|_0+\|u_h\|_{1,h}\|q_h\|_0+\|p_h\|_0\|q_h\|_0)\\ =&C(\|u_h\|_{1,h}+\|p_h\|_0)(\|v_h\|_{1,h}+\|q_h\|_0).\end{aligned} \tag{3-56}$$

由引理 2.1 对于所有的 $p_h \in L^2(K_j)$, 存在 $w \in [H^1(K_j)]^2$ 满足[7, 70]

$$(\mathrm{div} w, p_h)_j = \|p_h\|_{0,j}^2,\quad \|w\|_{1,j} \leqslant C_0\|p_h\|_{0,j}. \tag{3-57}$$

设 $w_h = w_I$, 并用能量范数的定义, 有

$$\|w_I\|_{1,h} \leqslant C_1\|p_h\|_0. \tag{3-58}$$

对于某个常数 α(下面将确定), 选择 $(v_h, q_h) = (u_h - \alpha w_h, -p_h)$, 利用 Young 不等式, 可得

$$\begin{aligned}&\mathcal{B}_h((u_h,p_h);(\mu_h-\alpha w_h,-p_h))\\ =&a_h(u_h,u_h)-\alpha a_h(u_h,w_h)+\alpha d_h(w_h,p_h)+G_h(p_h,p_h)\\ =&a_h(u_h,u_h)-\alpha a_h(u_h,w_h)-\alpha d_h(w-w_h,p_h)+\alpha d_h(w,p_h)+G_h(p_h,p_h)\\ \geqslant&\nu\|u_h\|_{1,h}^2+G_h(p_h,p_h)-C_1\alpha\nu\|u_h\|_{1,h}\|p_h\|_0+\alpha\|p_h\|_0^2\\ \geqslant&\nu(1-\alpha\nu^2C_1^2)\|u_h\|_{1,h}^2+\frac{\alpha}{2}\|p_h\|_0^2.\end{aligned} \tag{3-59}$$

通过合适选择的常数 $\alpha < \dfrac{1}{2C_1^2\nu}$, 利用 (3-59) 得

$$|\mathcal{B}_h((u_h,p_h);(u_h-\alpha w_h,p_h))| \geqslant C_3(\|u_h\|_{1,h}+\|p_h\|_0)^2. \tag{3-60}$$

明显地, 由 (3-58) 和三角不等式, 有

$$\|u_h - \alpha w_h\|_{1,h} + \|p_h\|_0 \leqslant C_4(\|u_h\|_{1,h} + \|p_h\|_0). \tag{3-61}$$

最后, 定义 $\beta = C_3/C_4$, 利用 (3-60)~(3-61) 得 (3-55). □

现在, 主要的任务是分析低次等阶有限元 $\mathcal{NCP}_1$-$\mathcal{P}_1$ 新稳定化方法的误差估计. 设

$$\widetilde{\mathcal{B}}_h\big((u,p);(v,q)\big) = \mathcal{B}_h\big((u,p);(v,q)\big) + G_h(p,q).$$

介绍投影算子 $(\overline{R}_h, \overline{Q}_h)$: $(X, M) \to (\mathcal{NCP}_1, \mathcal{P}_1)$ 满足

$$\mathcal{B}_h((R_h(v,q), Q_h(v,q)); (v_h, q_h)) = \widetilde{\mathcal{B}}_h((v,q);(v_h,q_h)), \quad \forall (v_h, q_h) \in \mathcal{NCP}_1 \times \mathcal{P}_1. \tag{3-62}$$

为了方便, 在后面我们将 $(\overline{R}_h(v,q), \overline{Q}_h(v,q))$ 记为 $(\overline{R}_h, \overline{Q}_h)$, 它是适定的且满足下面的逼近性质.

引理 3.4 投影算子 $(\overline{R}_h, \overline{Q}_h)$: $(X, M) \to (NCP_1, P_1)$ 满足

$$\|v - \overline{R}_h(v,q)\|_0 + h\left(\|v - \overline{R}_h(v,q)\|_{1,h} + \|q - \overline{Q}_h(v,q)\|_0\right) \leqslant Ch^2\left(\|v\|_2 + \|q\|_1\right). \tag{3-63}$$

证明 由 (3-62) 可得

$$\mathcal{B}_h((v - \overline{R}_h(v,q), q - \overline{Q}_h(v,q)); (v_h, q_h)) = -G(q, q_h). \tag{3-64}$$

设 $E = v - v_I$ 和 $(w, r) = (v_I - \overline{R}_h(v,q), q_I - \overline{Q}_h(v,q))$, 有

$$\mathcal{B}_h((w,r);(v_h,q_h)) = -\mathcal{B}_h((E, q - q_I);(v_h,q_h)) - G_h(q, q_h). \tag{3-65}$$

明显地, 由 (3-5), (3-54) 和 (3-55), 得

$$\begin{aligned}
&\beta(\|w\|_{1,h} + \|r\|_0) \leqslant \sup_{(v_h,q_h)\in\mathcal{NCP}_1\times\mathcal{P}_1} \frac{\mathcal{B}_h((w,r);(v_h,q_h))}{\|v_h\|_{1,h} + \|q_h\|_0}, \\
&|G(q,q_h)| \leqslant Ch\|q\|_1(\|v_h\|_{1,h} + \|q_h\|_0), \\
&|\mathcal{B}_h((E, q - q_I);(v_h,q_h))| \leqslant C(\|E\|_{1,h} + \|q - q_I\|_0)(\|v_h\|_{1,h} + \|q_h\|_0) \\
&\qquad \leqslant Ch(\|v\|_2 + \|q\|_1)(\|v_h\|_{1,h} + \|q_h\|_0).
\end{aligned} \tag{3-66}$$

合并 (3-64)~(3-66) 可推出

$$\|w\|_{1,h}+\|r\|_0\leqslant Ch(\|v\|_2+\|q\|_1). \tag{3-67}$$

因此, 由三角不等式和 (3-44), 有

$$\begin{aligned}\|v-\overline{R}_h(v,q)\|_{1,h}+\|q-\overline{Q}_h(v,q)\|_0&\leqslant(\|v-v_I\|_{1,h}+\|w\|_{1,h})+(\|q-q_I\|_0+\|r\|_0)\\&\leqslant Ch(\|v\|_2+\|q\|_1).\end{aligned} \tag{3-68}$$

关于对偶问题, 现定义 $(e,\eta)=(v-\overline{R}_h(v,q),q-\overline{Q}_h(v,q))$:

$$\begin{aligned}-\Delta\Phi+\nabla\Psi=e\quad&\text{在 }\Omega\text{ 中},\\ \operatorname{div}\Phi=0\quad&\text{在 }\Omega\text{ 中},\\ \Phi|_{\partial\Omega}=0\quad&\text{在 }\partial\Omega\text{ 上}.\end{aligned} \tag{3-69}$$

由于区域 Ω 的凸性, 上述方程存在唯一解且满足下面的正则性:

$$\|\Phi\|_2+\|\Psi\|_1\leqslant C\|e\|_0. \tag{3-70}$$

给 (3-69) 第一式和第二式分别乘以 e 和 η, 在 Ω 上进行积分, 在 (3-64) 中取 $(v_h,q_h)=(\Phi_I,\Psi_I)$, 则有

$$\begin{aligned}\|e\|_0^2=&a_h(e,\Phi)-d_h(e,\Psi)-d_h(\Phi,\eta)-\sum_j\left\langle\frac{\partial\Phi}{\partial n},e\right\rangle_j+\sum_j\langle e\cdot n,\Psi\rangle_j\\=&a_h(e,\Phi-\Phi_I)-d_h(e,\Psi-\Psi_I)-d_h(\Phi-\Phi_I,\eta)\\&-\sum_j\left\langle\frac{\partial\Phi}{\partial n},e\right\rangle_j+\sum_j\langle e\cdot n,\Psi\rangle_j,\end{aligned} \tag{3-71}$$

这里 (Φ_I,Ψ_I) 是 (Φ,Ψ) 在 $\mathcal{NCP}_1\times\mathcal{P}_1$ 中的插值且满足 (3-44). 由于双线性 $a_h(\cdot,\cdot)$ 和 $d_h(\cdot,\cdot)$ 是连续的, 可由 (3-68) 得

$$\begin{aligned}&|a_h(e,\Phi-\Phi_I)-d_h(e,\Psi-\Psi_I)-d_h(\Phi-\Phi_I,\eta)|\\ \leqslant&C(\|e\|_{1,h}+\|\eta\|_0)(\|\Phi-\Phi_I\|_{1,h}+\|\Psi-\Psi_I\|_0)\\ \leqslant&Ch^2(\|v\|_2+\|q\|_1)\|e\|_0.\end{aligned} \tag{3-72}$$

同时, 标准非协调有限元 $\mathcal{NCP}_1$[7,91] 利用 (3-68) 和 (3-70) 得

$$\left|\sum_j\left\langle\frac{\partial\Phi}{\partial n},e\right\rangle_j\right|\leqslant Ch^2(\|v\|_2+\|q\|_1)\|e\|_0,$$

$$\left|\sum_j \langle e\cdot n,\Psi\rangle_j\right|\leqslant Ch^2(\|v\|_2+\|q\|_1)\|e\|_0. \tag{3-73}$$

最后, 结合 (3-71)~(3-73) 得 (3-63). □

定理 3.7 (u,p) 和 (u_h,p_h) 分别是 (2-6) 和 (3-53) 的解, 则

$$\|u-u_h\|_{1,h}+\|p-p_h\|_0\leqslant Ch(\|u\|_2+\|p\|_1). \tag{3-74}$$

证明 设 $(w,r)=(\overline{R}_h(u,p)-u_h,\overline{Q}_h(u,p)-p_h)$, 利用双线性项 $\mathcal{B}_h((\cdot,\cdot);(\cdot,\cdot))$ 的强制性 (3-55), 并使用与 (3-72)~(3-73) 相同的技巧, 可得

$$\begin{aligned}\beta(\|w\|_{1,h}+\|r\|_0)&\leqslant \sup_{(v_h,q_h)\in\mathcal{NCP}_1\times\mathcal{P}_1}\frac{|\mathcal{B}_h((w,r);(v_h,q_h))|}{\|v_h\|_{1,h}+\|q_h\|_0}\\&=\sup_{(v_h,q_h)\in\mathcal{NCP}_1\times\mathcal{P}_1}\frac{|\widetilde{\mathcal{B}}_h((u,p);(v_h,q_h))-\mathcal{B}_h((u_h,p_h);(v_h,q_h))|}{\|v_h\|_{1,h}+\|q_h\|_0}\\&=\sup_{(v_h,q_h)\in\mathcal{NCP}_1\times\mathcal{P}_1}\frac{\left|\sum_j\left\langle\frac{\partial u}{\partial n},v_h\right\rangle_j-\sum_j\langle v_h\cdot n,p\rangle_j\right|}{\|v_h\|_{1,h}+\|q_h\|_0}\\&\leqslant Ch^2(\|u\|_2+\|p\|_1).\end{aligned} \tag{3-75}$$

由三角不等式, (3-44) 和 (3-75), 有

$$\begin{aligned}\|u-u_h\|_{1,h}+\|p-p_h\|_0&\leqslant\|u-u_I\|_{1,h}+\|w\|_{1,h}+\|p-p_I\|_0+\|r\|_0\\&\leqslant Ch(\|u\|_2+\|p\|_1).\end{aligned} \tag{3-76}$$

□

定理 3.8 设 (u,p) 和 (u_h,p_h) 分别是方程 (2-6) 和 (3-53) 的解, 则有

$$\|u-u_h\|_0\leqslant Ch^2(\|u\|_2+\|p\|_1). \tag{3-77}$$

证明 利用引理 3.4 的证明手法, 假设 $(e,\eta)=(u-u_h,p-p_h)$, 给 (3-69) 第一式和第二式分别乘以 e 和 η, 然后在 Ω 上进行积分并相加, 可得

$$\|e\|_0^2=a_h(e,\Phi)-d_h(e,\Psi)-d_h(\Phi,\eta)-\sum_j\left\langle\frac{\partial\Phi}{\partial n},e\right\rangle_j+\sum_j\langle e\cdot n,\Psi\rangle_j. \tag{3-78}$$

在 (3-53) 中取 $v_h=\Phi_I$ 并利用 (3-78), 有

$$\|e\|_0^2=a_h(e,\Phi-\Phi_I)-d_h(e,\Psi-\Psi_I)-d_h(\Phi-\Phi_I,\eta)$$

$$-\sum_j \left\langle \frac{\partial \Phi}{\partial n}, e \right\rangle_j + \sum_j \langle e \cdot n, \Psi \rangle_j . \tag{3-79}$$

由 (3-71)~(3-74) 中的技巧得

$$\begin{aligned}
&|a_h(e, \Phi - \Phi_I) - d_h(e, \Psi - \Psi_I) - d_h(\Phi - \Phi_I, \eta)| \\
\leqslant & C(\|e\|_{1,h} + \|\eta\|_0)(\|\Phi - \Phi_I\|_{1,h} + \|\Psi - \Psi_I\|_0) \\
\leqslant & Ch^2(\|u\|_2 + \|p\|_1)\|e\|_0, \\
& \left| \sum_j \left\langle \frac{\partial \Phi}{\partial n}, e \right\rangle_j + \sum_j \langle e \cdot n, \Psi \rangle_j \right| \leqslant Ch^2(\|u\|_2 + \|p\|_1)\|e\|_0.
\end{aligned} \tag{3-80}$$

由 (3-78)~(3-80), 可得 (3-77). □

3.3.2 数值分析

本节使用 3.1 节的真解. 为了说明 $\mathcal{NCP}_1$-$\mathcal{P}_1$ 有限元新稳定化方法求解定常 Stokes 方程的高效性, 我们给出 Crouzeix-Raviart 元标准 Galerkin 有限元方法、P_2-P_0 元和稳定协调有限元 P_1-P_1 方法 [11, 29] 的数值结果. 数值结果如表 3-6 ~ 表 3-9 所示:

表 3-6　新稳定化方法的结果: P_1-$P_1(\nu = 0.1)$

$1/h$	$\frac{\|u-u_{\rm app}\|_0}{\|u\|_0}$	$\frac{\|u-u_{\rm app}\|_1}{\|u\|_1}$	$\frac{\|p-p_{\rm app}\|_1}{\|p\|_1}$	u_{L^2}收敛率	u_{H^1}收敛率	p_{L^2}收敛率
8	0.120817	0.318921	0.789665			
16	0.030004	0.160758	0.254487	2.010	0.988	1.634
24	0.0132539	0.10722	0.132983	2.015	0.999	1.601
32	0.00742755	0.0803925	0.0849935	2.013	1.001	1.556
40	0.00474185	0.0642922	0.0603942	2.011	1.002	1.531
48	0.00328714	0.0535611	0.0457912	2.010	1.002	1.518
56	0.00241186	0.0458983	0.0362758	2.009	1.002	1.511

从表 3-6 至表 3-9 可以看出, 上述几种方法中 NCP_1-P_1 稳定有限元数值结果最为高效. 与 Crouzeix-Raviart 元和 P_2-P_0 元结果比较, 当前的方法使用了少量的自由度, 但是数值结果好于 P_2-P_0 元的结果. 特别地, 我们提出的方法提高了相对误差, 且压力取得了超收敛 $O(h^{1.6})$ 的结果.

表 3-7 标准 Galerkin 有限元方法的结果：Crouzeix-Raviart($\nu = 0.1$)

$1/h$	$\frac{\|u-u_{\rm app}\|_0}{\|u\|_0}$	$\frac{\|u-u_{\rm app}\|_1}{\|u\|_1}$	$\frac{\|p-p_{\rm app}\|_1}{\|p\|_1}$	u_{L^2}收敛率	u_{H^1}收敛率	p_{L^2}收敛率
8	0.0581651	0.266331	0.234799			
16	0.0153335	0.135234	0.108704	1.923	0.978	1.111
24	0.00689769	0.0904339	0.0704788	1.970	0.992	1.069
32	0.0038974	0.0679001	0.0522404	1.984	0.996	1.041
40	0.00249969	0.054348	0.0415456	1.990	0.998	1.027
48	0.00173798	0.0453027	0.0345051	1.993	0.998	1.018
56	0.00127784	0.0388375	0.0295143	1.995	0.999	1.013

表 3-8 标准 Galerkin 有限元方法的结果：P_2-P_0 元 ($\nu = 0.1$)

$1/h$	$\frac{\|u-u_{\rm app}\|_0}{\|u\|_0}$	$\frac{\|u-u_{\rm app}\|_1}{\|u\|_1}$	$\frac{\|p-p_{\rm app}\|_1}{\|p\|_1}$	u_{L^2}收敛率	u_{H^1}收敛率	p_{L^2}收敛率
8	0.0117347	0.0602891	0.133713			
16	0.00308603	0.0248924	0.0660857	1.927	1.276	1.017
24	0.00140546	0.0159152	0.0438636	1.940	1.103	1.011
32	0.000800925	0.0117771	0.0328337	1.955	1.047	1.007
40	0.000516769	0.00937167	0.0262401	1.964	1.024	1.005
48	0.000360897	0.00779141	0.0218536	1.969	1.013	1.003
56	0.000266278	0.00667116	0.019236	1.972	1.007	1.003

表 3-9 标准 Galerkin 有限元方法的结果：NCP_1-P_1($\nu = 0.1$)

$1/h$	$\frac{\|u-u_{\rm app}\|_0}{\|u\|_0}$	$\frac{\|u-u_{\rm app}\|_1}{\|u\|_1}$	$\frac{\|p-p_{\rm app}\|_1}{\|p\|_1}$	u_{L^2}收敛率	u_{H^1}收敛率	p_{L^2}收敛率
8	0.0640277	0.275799	0.150369			
16	0.0168944	0.140547	0.0488723	1.922	0.973	1.621
24	0.00760295	0.0940853	0.0246951	1.969	0.990	1.684
32	0.00429741	0.070678	0.0152238	1.983	0.994	1.682
40	0.00275701	0.0565889	0.0104912	1.989	0.996	1.669
48	0.00191729	0.0471803	0.00775937	1.992	0.997	1.654
56	0.00140991	0.0404531	0.00602474	1.994	0.998	1.641

总之，数值分析表明 $\mathcal{NCP}_1$-$\mathcal{P}_1$ 有限元新稳定化方法取得了好的稳定性和收敛性结果.

第 4 章　定常不可压缩 N-S 方程有限元方法

针对定常不可压缩 N-S 问题, 我们给出局部高斯积分稳定有限元方法、两层及多层稳定化有限元方法、粗网格局部 L^2 投影超收敛方法, 并数值实现 Euler 时空迭代有限元方法.

局部高斯积分稳定化有限元方法可利用简单巧妙的等阶有限元高效求解不可压缩流问题. 本书给出强唯一性和非奇异解束理论框架下的差分析和数值模拟.

两层及多层稳定化有限元方法则是结合第 3 章提出的局部高斯积分稳定化方法和两层及多层方法[38–40, 63] 高效求解定常 N-S 方程. 此方法只需第二次网格以后使用一次校正求解线性 Stokes 方程. 我们主要工作是, 比较分析了三种两层稳定有限元方法得出简单稳定有限元方法的高效性, 同时给出多层稳定有限元方法的理论和数值分析. 既解决了由于维数产生的高维困难, 又给出了一种简单高效求解非线性 N-S 方程的方法.

基于 ZZ 投影方法[41, 42] 和 J. Wang 局部 L^2 投影方法[44], 本书提出粗网格局部 L^2 投影超收敛方法[45, 48]. 此方法只需利用第一次有限元解在正则 (不需一致正则) 粗网格用高次 “空间”(可是函数空间或有限元空间) 的分片多项式进行后处理. 这种方法研究局部超收敛性质, 而不研究点的超收敛, 方法灵活求解简单, 对不可压缩流问题不需苛刻的 inf-sup 条件. 同时, 我们用此方法和具有无散度基函数的局部间断有限元方法[46, 47] 结合, 设计出一种可求解放宽雷诺数, 易于并行, 两次有限元过程均可在自适应网格下求解定常 N-S 方程的方法.

利用最近何银年教授提出的求解具有相对较大雷诺数定常 N-S 方程的 Euler 时空迭代有限元方法的理论结果[56, 57], 本书主要从数值分析角度比较得出此种方法在低雷诺数时, 能够得到与三种经典空间迭代方法相同的精度, 且能快速地计算三种经典空间迭代方法不能求解具有相对较大雷诺数的定常 N-S 方程.

本章内容安排如下: 分析定常 N-S 方程新稳定化方法; 分析定常 N-S 方程两

层及多层稳定化有限元方法; 分析粗网格局部 L^2 投影超收敛方法; 数值分析定常 N-S 方程 Euler 时空迭代有限元方法.

4.1 定常 N-S 方程稳定化方法[12]

在 3.1 节, 我们主要讨论了 Stokes 方程协调有限元稳定化方法、非协调有限元方法和有限体积元稳定化方法. 本节主要讨论定常 N-S 方程协调有限元稳定化方法. 我们给出强唯一性条件和非奇异解理论两种情况下的理论分析. 关于非协调有限元和有限体积元稳定化方法可容易得到 (有限体积元方法不能得到速度 L^2 优化误差). 本节将新的稳定化方法运用到定常 N-S 方程, 数值模拟在 4.1.2 节讨论. 为了避免重复, 仅仅在本节给出利用 P_1-P_1 和 Q_1-Q_1 有限元新稳定化方法求解定常 N-S 的数值试验.

4.1.1 误差估计

基于第 3 章关于 Stokes 方程的工作, 现给出定常 N-S 方程离散的变分形式

$$\mathcal{B}_h((u_h,p_h);(v_h,q_h))+b(u_h,u_h,v_h)=(f,v_h),\quad \forall(v_h,q_h)\in X_h\times M_h. \tag{4-1}$$

为了方便, 定义 Stokes 投影 $(\overline{R}_h(v,q),\overline{Q}_h(v,q)):(X,M)\to(X_h,M_h)$ 对 $\forall(v,q)\in X\times M$, 满足

$$\mathcal{B}_h((\overline{R}_h(v,q),\overline{Q}_h(v,q));(v_h,q_h))=\mathcal{B}((v,q);(v_h,q_h)),\quad (v_h,q_h)\in X_h\times M_h. \tag{4-2}$$

记 $(R_h,Q_h)=(\overline{R}_h(v,q),\overline{Q}_h(v,q))$. 由 (3-8) 可得上述定义是适定的, 且有下面的结果.

引理 4.1 在稳定性定理的假设下, 如果 $(v,q)\in D(A)\times(H^1(\Omega)\cap M)$, 则投影 (R_h,Q_h) 满足

$$\|v-R_h\|_0+h(\|v-R_h\|_1+\|q-Q_h\|_0)\leqslant Ch^{i+1}(\|v\|_{i+1}+\|q\|_i),\quad i=0,1. \tag{4-3}$$

证明 由 (R_h,Q_h) 的定义并利用三角不等式可得

$$\|v-R_h\|_1+\|q-Q_h\|_0$$

$$
\begin{aligned}
&\leqslant (\|v-I_hv\|_1+\|q-J_hq\|_0)+(\|I_hv-R_h\|_1+\|J_hq-Q_h\|_0)\\
&\leqslant (\|v-I_hv\|_1+\|q-J_hq\|_0)\\
&\quad+\beta_1^{-1}\sup_{(v_h,q_h)\in X_h\times M_h}\frac{|\mathcal{B}_h((I_hv-v,J_hq-q);(v_h,q_h))+G(q,q_h)|}{\|v_h\|_1+\|q_h\|_0}\\
&\leqslant C(1+\beta_1^{-1})(\|v-I_hv\|_1+\|q-J_hq\|_0)+C\|q-\Pi q\|_0\\
&\leqslant Ch^i(\|v\|_{i+1}+\|q\|_i),\quad i=0,1.
\end{aligned}\tag{4-4}
$$

为了得到速度 L^2 模, 给出关于 $(\Phi,\Psi)\in X\times M$ 的对偶方程, 使得满足

$$
\mathcal{B}((w,r);(\Phi,\Psi))=(w,v-R_h),\quad \forall(w,r)\in X\times M.\tag{4-5}
$$

显然, 由假设 (A1) 可以得到

$$
\|\Phi\|_2+\|\Psi\|_1\leqslant C\|v-R_h\|_0.\tag{4-6}
$$

在 (4-5) 中取 $(w,r)=(v-R_h,q-Q_h)=(\widetilde{e},\widetilde{\eta})$ 和在 (4-2) 中取 $(v_h,q_h)=(I_h\Phi,J_h\Psi)$, 由 (A1) 和 (4-4), 有

$$
\begin{aligned}
\|\widetilde{e}\|_0^2&=\mathcal{B}((\widetilde{e},\widetilde{\eta});(\Phi-I_h\Phi,\Psi-J_h\Psi))+G(\widetilde{\eta},J_h\Psi)-G(q,J_h\Psi)\\
&\leqslant C(\|\widetilde{e}\|_1+\|\widetilde{\eta}\|_0)(\|\Phi-I_h\Phi\|_1+\|\Psi-J_h\Psi\|_0)\\
&\quad+h(\|\widetilde{\eta}\|_0+\|q-\Pi q\|_0)\|J_h\Psi-\Pi J_h\Psi\|_0\\
&\leqslant Ch(\|\widetilde{e}\|_1+\|\widetilde{\eta}\|_0)(\|\Phi\|_2+\|\Psi\|_1)+Ch(\|\eta\|_0+\|q-\Pi q\|_0)\|\Psi\|_1\\
&\leqslant Ch(\|\widetilde{e}\|_1+\|\widetilde{\eta}\|_0)\|e\|_0+Ch^2\|e\|_0.
\end{aligned}\tag{4-7}
$$

因此, 由 (4-4) 和 (4-7) 可得

$$
\|v-R_h\|_0\leqslant Ch^{i+1}(\|v\|_{i+1}+\|q\|_i),\tag{4-8}
$$

结合 (4-4) 和 (4-8) 可得 (4-3). □

利用标准 Galerkin 方法, 很容易得到依赖于强唯一性条件的误差分析[10, 97].

定理 4.1 在定理 3.1 的假设下, 有

$$
\|u-u_h\|_0+h(\|u-u_h\|_1+\|p-p_h\|_0)\leqslant Ch^2.\tag{4-9}
$$

下面我们主要分析定常 N-S 方程非奇异解理论. 首先, 介绍非奇异解束逼近理论. 基于 [1, 12, 76] 的工作, 我们有下面的结论.

定理 4.2 假设对于任意 $g \in X'$, $Tg = (u,p) \in \overline{X}$ 和 $T_h g = (u_h, p_h) \in \overline{X}_h$ 分别是 Stokes 问题的解和其逼近问题的解, 则

$$\lim_{h \to 0} \|(T - T_h)g\|_{\overline{X}} = 0, \quad \forall g \in X', \tag{4-10}$$

$$\lim_{h \to 0} \|T - T_h\|_{\mathcal{L}(Z,\overline{X})} = 0. \tag{4-11}$$

证明 解的存在唯一性已被证明[11]. 对任意的 $g \in X'$, 存在唯一的解 $Tg = (u,p) \in \overline{X}$ 和 $T_h g = (u_h, p_h) \in \overline{X}_h$ 分别满足 Stokes 方程和离散 Stokes 方程. 如果 $(u,p) \in D(A) \times (H^1(\Omega) \cap M)$, 则有

$$\begin{aligned} \|(T - T_h)g\|_{\overline{X}} &= \|u - u_h\|_1 + \|p - p_h\|_0 \leqslant C(\|u - I_h u\|_1 + \|p - J_h p\|_0) \\ &\leqslant Ch(\|u\|_2 + \|p\|_1). \end{aligned} \tag{4-12}$$

由于 $D(A) \times (H^1(\Omega) \cap M)$ 在 $\overline{X}$ 中是紧的, 对所有的 $g \in X'$, 有 $D(A) \times (H^1(\Omega) \cap M)$ 的序列按照 $\overline{X}$ 的范数收敛, 即 (4-10) 成立. 同时, 由于 $Z = L^{3/2}(\Omega)^2$ 到 X' 的嵌入是紧的, 则 (4-11) 是 (4-10) 的结果. □

下面给出非奇异解束的定义.

首先, 定义 C^2 投影 G: $R^+ \times \overline{X} \to Y$ 满足

$$G(\lambda, (v,q)) = \lambda \left((v \cdot \nabla)v + \frac{1}{2}(\operatorname{div} v)v - f \right),$$

则定常 N-S 方程的等价形式为

$$F(\lambda, (u,p)) \equiv (u,p) + TG(\lambda, (u,p)) = 0. \tag{4-13}$$

定义 4.1 Λ 是 R^+ 中的紧区间, 则 $\{(\lambda, \widetilde{u}(\lambda))\}$ 是 (4-7) 的非奇异解束当且仅当对所有的 $\lambda \in \Lambda$, $D_{\widetilde{u}} F(\lambda, \widetilde{u}(\lambda))$ 是从 $\overline{X}$ 到 X' 同构, 这里 $\widetilde{u} = (u, \lambda p)$.

对于定常 N-S 方程离散变分形式, 对任意的 $(v,q) \in \overline{X}_h$, 求解 $\widetilde{u}_h = (u_h, \lambda p_h) \in \overline{X}_h \subset \overline{X}$ 满足

$$\mathcal{B}_h((u_h, \lambda p_h); (v,q)) = \lambda(f,v) - \lambda b(u_h, u_h, v),$$

为了方便说明, 记上式为

$$F_h(\lambda, \widetilde{u}_h) \equiv \widetilde{u}_h + T_h G(\lambda, \widetilde{u}_h) = 0. \tag{4-14}$$

定理 4.3 [1,76]　如果 ν 和 f 满足下面的强唯一性条件:

$$c_0\nu^{-2}\|f\|_{-1}<1,$$

则 $\{(\lambda,\widetilde{u}(\lambda))\}$ 是 (4-14) 的非奇异解束.

基于上述分析, 得出定常 N-S 方程 (4-14) 解的收敛性.

定理 4.4　如果 G 是从 $\Lambda\times\overline{X}$ 到 X' 的 C^2-投影. $D_{\widetilde{u}}G(\lambda,\widetilde{u})$ 和 $D_{\widetilde{u}\widetilde{u}}G(\lambda,\widetilde{u})$ 是 $\Lambda\times\overline{X}$ 上所有有界子集上的有界映射. 如果 $\{(\lambda,\widetilde{u}(\lambda));\lambda\in\Lambda\}$ 是 (4-13) 一束非奇异解, 则对于 $\overline{X}$ 中的邻域 ϑ 和足够小的 $h\leqslant h_0$, 存在唯一的 C^2-函数 $\lambda\to\widetilde{u}_h(\lambda)$, 对所有 $\widetilde{u}_h(\lambda)-\widetilde{u}(\lambda)\in\vartheta$ 和 $\lambda\in\Lambda$ 使得 $\{(\lambda,\widetilde{u}_h(\lambda));\lambda\in\Lambda\}$ 是离散 N-S 方程 (4-14) 的非奇异解束.

进一步地, 存在一个不依赖于 h 和 λ 的常数 $K>0$ 满足

$$\|\widetilde{u}_h(\lambda)-\widetilde{u}(\lambda)\|_{\overline{X}}\leqslant K\|(T-T_h)G(\lambda,\widetilde{u})\|_{\overline{X}},\quad \forall\lambda\in\Lambda. \tag{4-15}$$

定理 4.5　如果 (A1) 成立并且 $\{(\lambda,\widetilde{u}(\lambda));\lambda\in\Lambda\}$ 是连续 N-S 方程 (4-13) 的非奇异解束, 则存在一个 $\overline{X}$ 邻域 ϑ, 对于充分小的 $h\leqslant h_0$ 存在唯一 C^2- 函数 $\lambda\in\Lambda\to\widetilde{u}_h(\lambda)\in\overline{X}_h$ 是离散 N-S 方程 (4-14) 非奇异解束, 且有

$$\begin{aligned}&\|u_h(\lambda)-u(\lambda)\|_1+\lambda\|p_h(\lambda)-p(\lambda)\|_0=\|\widetilde{u}_h(\lambda)-\widetilde{u}(\lambda)\|_{\overline{X}}\leqslant Ch,\\&\|u_h(\lambda)-u(\lambda)\|_0\leqslant Kh^2,\quad\forall\lambda\in\Lambda.\end{aligned} \tag{4-16}$$

证明　由 $G(\cdot,(\cdot,\cdot))$ 的定义, 有

$$\begin{aligned}&D_{\widetilde{u}}G(\lambda,\widetilde{u})v=\lambda((u\cdot\nabla)v+(v\cdot\nabla)u)+\frac{\lambda}{2}((\operatorname{div}u)v+(\operatorname{div}v)u),\\&D_{\widetilde{u}\widetilde{u}}G(\lambda,\widetilde{u})v^2=2\lambda(v\cdot\nabla)v+\lambda(\operatorname{div}v)v.\end{aligned} \tag{4-17}$$

由于 $X\hookrightarrow[L^6(\Omega)]^2$, 从上式可得存在 X' 的 Banach 子空间 $Z=L^{3/2}(\Omega)^2\hookrightarrow X'$, 则 $D_{\widetilde{u}}G(\lambda,\widetilde{u})$ 是从 X' 到 Z 的有界算子, 且 $D_{\widetilde{u}\widetilde{u}}G(\lambda,\widetilde{u})$ 是 $\Lambda\times\overline{X}$ 中的有界算子. 由于定理 3.2 成立, 因此有

$$\begin{aligned}&\|(T-T_h)G(\lambda,\widetilde{u})\|_{\overline{X}}\leqslant Ch\|G(\lambda,\widetilde{u})\|_0,\\&\|(T-T_h)G(\lambda,\widetilde{u})\|_0\leqslant Ch^2\|G(\lambda,\widetilde{u})\|_0.\end{aligned} \tag{4-18}$$

结合 (4-15) 和 (4-18), 注意到 Λ 是 R^+ 中的紧区间, 则有 (4-16) 第一个结论.

接下来我们用 [1] 中第四章定理 4.2, 有

$$\|u_h(\lambda)-u(\lambda)\|_0 \leqslant C(\|(T-T_h)G(\lambda,\widetilde{u}(\lambda))\|_0+\|u_h(\lambda)-u(\lambda)\|_1^2). \tag{4-19}$$

结合 (4-18) 和 (4-19), 得 (4-16). □

4.1.2 数值模拟

本节从数值角度分析用 P_1-P_1 和 Q_1-Q_1 有限元新稳定化方法求解定常 N-S 方程的结果. 按照非奇异解的理论在放宽唯一性条件 $\dfrac{C_0\|f\|_{-1}}{\nu^2}<1$ 进行数值模拟. 对于定常 N-S 方程求解, 我们以 Stokes 方程的解作为初值, 然后用相同的停机标准 10^{-10} 控制牛顿迭代, 最后得到的值即为所要的稳定化有限元的解.

下面给出几种稳定化有限元方法的数值结果[12] (表 4-1~ 表 4-4).

表 4-1 定常 N-S 方程关于 P_1-P_1 正则稳定化有限元的结果 ($\nu=0.1$)

$1/h$	δ	$\dfrac{\|u-u_{\mathrm{app}}\|_0}{\|u\|_0}$	$\dfrac{\|u-u_{\mathrm{app}}\|_1}{\|u\|_1}$	$\dfrac{\|p-p_{\mathrm{app}}\|_1}{\|p\|_1}$	u_{L^2} 收敛率	u_{H^1} 收敛率	p_{L^2} 收敛率
10	0.5	0.107948	0.301058	0.02844			
20	0.75	0.0539569	0.162823	0.0277337	1.000	0.887	0.036
30	0.75	0.0308246	0.106953	0.066	1.380	1.043	−2.122
40	0.75	0.0195182	0.0784807	0.0357006	1.588	1.076	2.116
50	0.8	0.0141273	0.0622394	0.0957068	1.449	1.039	−4.419

表 4-2 定常 N-S 方程关于 P_1b-P_1 有限元的结果 ($\nu=0.1$)

$1/h$	$\dfrac{\|u-u_{\mathrm{app}}\|_0}{\|u\|_0}$	$\dfrac{\|u-u_{\mathrm{app}}\|_1}{\|u\|_1}$	$\dfrac{\|p-p_{\mathrm{app}}\|_1}{\|p\|_1}$	u_{L^2} 收敛率	u_{H^1} 收敛率	p_{L^2} 收敛率
10	0.103873	0.778546	0.00804873			
20	0.0204851	0.2267	0.00201628	2.342	1.780	1.997
30	0.00858185	0.120194	0.000944421	2.146	1.565	1.871
40	0.00476674	0.0803968	0.000595877	2.044	1.398	1.601
50	0.00309466	0.0603559	0.000454907	1.936	1.285	1.210

表 4-3　定常 N-S 方程关于 P_1-P_1 新稳定化方法的结果 ($\nu = 0.1$)

$1/h$	$\frac{\|u-u_{\text{app}}\|_0}{\|u\|_0}$	$\frac{\|u-u_{\text{app}}\|_1}{\|u\|_1}$	$\frac{\|p-p_{\text{app}}\|_1}{\|p\|_1}$	u_{L^2} 收敛率	u_{H^1} 收敛率	p_{L^2} 收敛率
10	0.318685	0.659525	0.0353371			
20	0.0777679	0.245639	0.00961411	2.035	1.425	1.878
30	0.0341959	0.141357	0.00466667	2.026	1.363	1.783
40	0.0191472	0.0971734	0.00284152	2.016	1.303	1.724
50	0.0122411	0.0734248	0.00195481	2.005	1.256	1.676

表 4-4　定常 N-S 方程关于 Q_1-Q_1 新稳定化方法的结果[98] ($\nu = 0.1$)

$1/h$	$\frac{\|u-u_{\text{app}}\|_0}{\|u\|_0}$	$\frac{\|u-u_{\text{app}}\|_1}{\|u\|_1}$	$\frac{\|p-p_{\text{app}}\|_1}{\|p\|_1}$	u_{L^2} 收敛率	u_{H^1} 收敛率	p_{L^2} 收敛率
18	0.1256	0.3570	0.01117			
27	0.05542	0.1939	0.005341	2.019	1.505	1.819
36	0.03103	0.1282	0.003192	2.015	1.438	1.790
45	0.01981	0.0940	0.002154	2.013	1.389	1.762
54	0.01373	0.0735	0.001569	2.011	1.349	1.739
63	0.01007	0.0600	0.001203	2.009	1.316	1.721

从表 4-1 至表 4-4 看出, 对于正则稳定化有限元方法[99], 我们利用不同网格上试验选取的稳定化参数得到相对误差并没有完全反映理论上的值, 截至目前, 对于含有稳定化参数的稳定化有限元方法, 如何去选择好的稳定化参数值得进一步探索, 而对于 P_1-P_1 和 Q_1-Q_1 低次等阶有限元新稳定化方法取得了与 P_1b-P_1 元几乎相同的结果. 因此, 新稳定化方法亦适应于非线性问题, 且具有简单高效、易于操作使用的优点.

4.2　定常 N-S 方程两层及多层新稳定化有限元方法[10,14]

定常不可压缩流问题的计算有两个难点: 一是不可压缩条件; 二是非线性特点. 本节主要讨论定常不可压缩 N-S 方程两层及多层新稳定化方法. 两层或多层方法仅需要在粗网格上解定常 N-S 方程, 而在细网格用校正求解线性 Stokes 或 Stokes 方程. 因此, 两层及多层新稳定化方法大大减少工作量, 缓解了高维烦恼问题. 数值结果表明: 两层及多层稳定化方法与新稳定化有限元方法取得相同的精度, 且可以节约不少计算时间.

4.2.1 理论分析

两层算法最早由许进超教授[34, 35] 应用在一系列半线性问题上. 随后, 由 A. Niemisto[36] 在他的毕业论文中推广到非定常的鞍点问题, 而两层或多层方法最早被 W. Layton 和 W. Lenferink 等[36–40] 应用到定常 N-S 方程. 随后何银年教授和李开泰教授[63] 对于定常 N-S 方程的两层及多层方法方面做了大量的工作. 对于两层方法采用简单格式 (三线性项在细网格全部用粗网格的解进行插值) 和对多层方法在第二步以后每步使用上一层网格的解一步校正. 这样将大规模非线性问题线性化的校正方法, 减少工作量, 提高了运算效率. 特别对于复杂的三维区域带角点问题, 见 V. Girault 和 J. L. Lions[37] 的工作.

在过去主要是用两层及多层方法高效地解决了非线性偏微分方程. 本书主要讨论的是定常 N-S 方程稳定化有限元两层或多层方法, 而对于非定常 N-S 方程, 则不必刻意使用两层及多层方法. 在下面的内容中, 介绍了更为简单的具有两阶时间精度的 Crank-Nicolson/Admas-Bashforth 算法. 这种算法仅对原来的非定常 N-S 方程用时间步长 $\tau = O(h)$ 进行 Stokes 方程的三层时间推进.

对于定常 N-S 方程, 我们提出的两层新稳定有限元方法的主要思想:

第一步：粗网格用稳定有限元方法 (局部高斯积分稳定化方法) 求解定常 N-S 方程：选元简单高效.

第二步：细网格上利用粗网格的解对原问题线性化：非线性复杂性得以缓解.

通过这样的步骤, 第二步的操作提供了两层及多层低次等阶有限元高效求解 N-S 方程, 且能保持新稳定化方法在细网格精度的可能性, 但两层及多层新稳定化方法大大减少了问题的复杂性.

本节关于两层及多层新稳定化方法, 我们仅在强唯一性条件下采用三种格式的两层稳定化方法进行理论和数值比较分析. 相似地, 关于非奇异解情况下的结果仅做局部的修改, 就可以得到它的结果. 三种两层稳定化有限元方法格式如下:

算法一 简单两层稳定有限元方法.

第一步: 在粗网格解决定常 N-S 方程: 求解 $(u_H, p_H) \in X_H \times M_H$ 使得对所有的 $(v_H, q_H) \in X_H \times M_H$, 满足

$$\mathcal{B}_h((u_H, p_H); (v_H, q_H)) + b(u_H, u_H, v_H) = (f, v_H). \tag{4-20}$$

第二步: 在细网格解 Stokes 方程: 求解 $(u^h, p^h) \in X_h \times M_h$ 使得对所有的 $(v_h, q_h) \in X_h \times M_h$, 满足

$$\mathcal{B}_h((u^h, p^h); (v_h, q_h)) + b(u_H, u_H, v_h) = (f, v_h). \tag{4-21}$$

显然, 格式的稳定性依赖于 Stokes 方程的稳定性. 为了分析方便, 记 $e = u - R_h$, $e_h = R_h - u^h$, $\eta = p - Q_h$, $\eta_h = Q_h - p^h$, 则有以下结果.

定理 4.6 在强唯一性条件假设下, 简单两层稳定化有限元解 (u^h, p^h) 满足下面的误差估计:

$$\|u - u^h\|_1 + \|p - p^h\|_0 \leqslant C(h + H^2). \tag{4-22}$$

证明 从 (2-13) 减去 (4-21), 很容易可以看到

$$\begin{aligned}
&\mathcal{B}_h((e_h, \eta_h); (v_h, q_h)) + b(u - u_H, u, v_h) + b(u, u - u_H, v_h) \\
&-b(u - u_H, u - u_H, v_h) = G(p, q_h).
\end{aligned} \tag{4-23}$$

由于 (2-12), (3-5) 和定理 3.1, 有

$$\begin{aligned}
&\beta(\|e_h\|_1 + \|\eta_h\|_0) \\
\leqslant &\sup_{(v_h, q_h) \in X_h \times M_h} \frac{|\mathcal{B}_h((e_h, \eta_h); (v_h, q_h))|}{\|v_h\|_1 + \|q_h\|_0} \\
\leqslant &C(\|u\|_2 \|u - u_H\|_0 + \|u - u_H\|_1 \|u - u_H\|_1) + Ch\|p\|_1 \\
\leqslant &CH^2.
\end{aligned} \tag{4-24}$$

由 (4-24) 结合假设 (A2) 可得

$$\|u - u^h\|_1 + \|p - p^h\|_0 \leqslant C(\|e\|_1 + \|\eta\|_0 + \|e_h\|_1 + \|\eta_h\|_0)$$

$$\leqslant C(h+H^2). \tag{4-25}$$

□

算法二 Oseen 两层稳定有限元方法.

第一步: 在粗网格解定常 N-S 方程: 求解 $(u_H,p_H)\in X_H\times M_H$, 使得对 $\forall(v_H,q_H)\in X_H\times M_H$ 都满足

$$\mathcal{B}_h((u_H,p_H);(v_H,q_H))+b(u_H,u_H,v_H)=(f,v_H). \tag{4-26}$$

第二步: 在细网格解线性 Stokes 方程: 求解 $(u^h,p^h)\in X_h\times M_h$ 使得对所有的 $(v_h,q_h)\in X_h\times M_h$ 都满足

$$\mathcal{B}_h((u^h,p^h);(v_h,q_h))+b(u_H,u_h,v_h)=(f,v_h). \tag{4-27}$$

格式稳定性是显然的, 下面给出关于 Oseen 两层稳定化方法的收敛性分析.

定理 4.7 在唯一性条件的假设下, (4-27) 的解 (u^h,p^h) 满足误差估计:

$$\|u-u^h\|_1+\|p-p^h\|_0\leqslant C(h+H^2). \tag{4-28}$$

证明 从 (2-13) 减去 (4-27), 很容易可以得到

$$\mathcal{B}_h((e_h,\eta_h);(v_h,q_h))+b(u-u_H,u,v_h)+b(u_H,u-u_h,v_h)=G(p,q_h). \tag{4-29}$$

由于 (2-12), (3-5) 和定理 3.1, 有

$$\begin{aligned}\beta(\|e_h\|_1+\|\eta_h\|_0)\leqslant&\sup_{(v_h,q_h)\in X_h\times M_h}\frac{|\mathcal{B}_h((e_h,\eta_h);(v_h,q_h))|}{\|v_h\|_1+\|q_h\|_0}\\ \leqslant&C(\|u\|_2\|u-u_H\|_0+\|u_H\|_1\|u-u_h\|_1)+Ch\|p\|_1\\ \leqslant&C(h+H^2).\end{aligned} \tag{4-30}$$

由 (4-30) 结合引理 4.1, 可得

$$\begin{aligned}\|u-u^h\|_1+\|p-p^h\|_0\leqslant&C(\|e\|_1+\|\eta\|_0+\|e_h\|_1+\|\eta_h\|_0)\\ \leqslant&C(h+H^2).\end{aligned} \tag{4-31}$$

□

算法三　牛顿两层稳定有限元方法.

第一步: 粗网格解定常 N-S 方程: 求解 $(u_H, p_H) \in X_H \times M_H$, 使得对 $\forall (v_H, q_H) \in X_H \times M_H$, 满足

$$\mathcal{B}_h((u_H, p_H); (v_H, q_H)) + b(u_H, u_H, v_H) = (f, v_H). \tag{4-32}$$

第二步: 细网格解线性 Stokes 方程: 求解 $(u^h, p^h) \in X_h \times M_h$, 使得对 $\forall (v_h, q_h) \in X_h \times M_h$, 满足

$$\mathcal{B}_h((u^h, p^h); (v_h, q_h)) + b(u_H, u_h, v_h) + b(u_h, u_H, v_h) = (f, v_h) + b(u_H, u_H, v_h). \tag{4-33}$$

牛顿两层稳定有限元方法的稳定性可参考下面多层稳定化有限元方法的证明. 这里仅给出牛顿两层稳定有限元方法的收敛性分析.

定理 4.8　在强唯一性条件的假设下 (4-33) 的解 (u^h, p^h) 满足误差估计:

$$\|u - u^h\|_1 + \|p - p^h\|_0 \leqslant C(h + |\log h|^{1/2} H^3). \tag{4-34}$$

证明　从 (2-13) 减去 (4-33), 得

$$\begin{aligned}&\mathcal{B}_h((e_h, \eta_h); (e_h, \eta_h)) + b(e, u, e_h) + b(e_h, u_H, e_h) + b(u_H, e, e_h)\\&-b(R_h(u, p) - u_H, e_h, u - u_H) = G(p, q_h).\end{aligned} \tag{4-35}$$

由于 (2-12), (3-5) 和定理 3.1, 有

$$\begin{aligned}|\mathcal{B}_h((e_h, \eta_h); (e_h, \eta_h))| &= \nu\|e\|_1^2 + G(\eta_h, \eta_h),\\|b(e, u, e_h) + b(u_H, e, e_h)| &\leqslant C(\|u\|_1 + \|u_H\|_1)\|e\|_1\|e_h\|_1\\&\leqslant Ch\|e_h\|_1,\\|b(e_h, u_H, e_h)| &\leqslant C_0\gamma\|u_H\|_1\|e_h\|_1^2 \leqslant C_0\nu^{-1}\gamma^2\|f\|_0\|e_h\|_1^2.\end{aligned} \tag{4-36}$$

对于离散情况, 由下面不等式提高误差估计[63]:

$$|b(u_h, v_h, w_h)| \leqslant C|\log h|^{1/2}\|u_h\|_1\|v_h\|_1\|w_h\|_0, \quad \forall u_h, v_h, w_h \in X_h. \tag{4-37}$$

因此, 可得

$$|b(R_h(u, p) - u_H, e_h, u - u_H)| \leqslant C|\log h|^{1/2}\|R_h(u, p) - u_H\|_1\|e_h\|_1\|u - u_H\|_0$$

$$\leqslant C|\log h|^{1/2}(\|e\|_1+\|u-u_H\|_1)\|u-u_H\|_0\|e_h\|_1$$

$$\leqslant C|\log h|^{1/2}H^3\|e_h\|_1. \tag{4-38}$$

显然, 由 (4-35)~(4-37) 可得

$$\|e_h\|_1\leqslant c(h+|\log h|^{1/2}H^3). \tag{4-39}$$

最后, 由 (4-38) 和定理 3.1, 有

$$\begin{aligned}\|\eta_h\|_0 &\leqslant \beta^{-1}\sup_{(v_h,q_h)\in X_h\times M_h}\frac{\mathcal{B}_h((e_h,\eta_h);(v_h,q_h))}{\|v_h\|_1+\|q_h\|_0}\\ &\leqslant C|\log h|^{1/2}(\|e_h\|_1+\|u-u_H\|_1)\|u-u_H\|_1\\ &\quad+(\|u\|_1+\|u_H\|_1)(\|e_h\|_1+\|e\|_1)\\ &\leqslant C(h+|\log h|^{1/2}H^3),\end{aligned} \tag{4-40}$$

由 (4-39)~(4-41) 和引理 4.1 可得 (4-34). □

下面对多层稳定化有限元方法进行分析. 从本质上, 牛顿多层稳定有限元方法是对牛顿两层稳定有限元方法的推广. 为了方便描述, 定义网格剖分的一个序列 τ_{h_i}, $i=0,1,\cdots,J$, 其中网格尺度的关系满足 $h_0>h_1>\cdots>h_J$. 有限元空间 (X_{h_j},M_{h_j}), $j=0,1,\cdots,J$ 满足

$$(X_{h_0},M_{h_0})\subset(X_{h_1},M_{h_1})\subset\cdots\subset(X_{h_J},M_{h_J}).$$

关于 N-S 方程 $J+1$ 层算法给定如下:

算法四 定常 N-S 方程多层稳定化有限元方法.

第一步: 在网格 $h=h_0$ 时, 求解 $(u_0,p_0)=(u_{h_0},p_{h_0})\in X_{h_0}\times M_{h_0}$ 使得满足 (4-32).

第二步: 给定的前一层解 $(u_{j-1},p_{j-1})=(u_{h_{j-1}},p_{h_{j-1}})$, 对所有 $(v,q)\in X_{h_j}\times M_{h_j}$, 求解 $(u_j,p_j)\in X_{h_j}\times M_{h_j}$, 使得

$$\mathcal{B}_h((u_j,p_j);(v,q))+b(u_{j-1},u_j,v)+b(u_j,u_{j-1},v)=(f,v)+b(u_{j-1},u_{j-1},v),$$

$$j=1,\cdots,J. \tag{4-41}$$

关于多层稳定化有限元方法的第一步解的存在唯一性和收敛性是古典的结论, 第二步算法的存在唯一性和稳定性可以由下面的定理得到. 值得注意的是牛顿多层稳定有限元方法, 下一层的解往往依赖于上层的解, 因此我们需要用数学归纳法证明.

为了得到多层稳定化有限元方法速度 H^1 范数和压力 L^2 范数精细的估计, 由协调有限元的特点和引理 4.1 可得 $(R_j, Q_j) : (X, M) \to (X_{h_j}, M_{h_j})$, $j = 1, \cdots, J$, 对于 $\forall (v, q) \in X \times M$, $(v_h, q_h) \in X_{h_j} \times M_{h_j}$ 有

$$\mathcal{B}_h((v - R_j(v, q), q - Q_j(v, q)); (v_h, q_h)) = 0, \tag{4-42}$$

且满足引理 4.1.

引理 4.2 在定理 3.1 的假设下, 对于任意 $(v, q) \in D(A) \times (H^1(\Omega) \cap M)$, 有 (R_j, Q_j), $j = 1, \cdots, J$ 满足

$$\|v - R_j\|_0 + h(\|v - R_j\|_1 + \|q - Q_j\|_0) \leqslant Ch_j^2(\|v\|_2 + \|q\|_1). \tag{4-43}$$

定理 4.9 在定理 3.1 的假设下, 多层稳定化有限元方法 (4-41), 当 $j = 1$ 时, 存在唯一解 $(u_1, p_1) \in X_{h_1} \times M_{h_1}$ 并满足

$$\|u_1\|_1 + \|p_1\|_0 \leqslant \kappa_1 \|f\|_0. \tag{4-44}$$

当 $h_1 = O(h_0^2)$ 时, 有

$$\|u - u_1\|_1 + \|p - p_1\|_0 \leqslant \kappa h_1. \tag{4-45}$$

证明 首先, 多层稳定化有限元方法 (4-41), 当 $j = 1$ 时解的存在唯一性可由鞍点定理保证, 且其稳定性结论是显然的. 主要讨论定常 N-S 方程多层稳定化有限元方法, 当 $j = 1$ 时, 即两层稳定有限元方法的收敛性结论.

在 (4-41) 中取 $(v, q) = (u_1, p_1)$, 由 (2-12) 可得

$$\nu\|u_1\|_1^2 + b(u_1, u_0, u_1) = (f, u_1) + b(u_0, u_0, u_1). \tag{4-46}$$

令 $\delta = \dfrac{1}{2}(\nu - C_0\nu^{-1}\gamma^2\|f\|_0)$, 分析 (4-46) 可得

$$\nu\|u_1\|_1^2 + b(u_1, u_0, u_1) \geqslant (\nu - C_0\nu^{-1}\gamma^2\|f\|_0)\|u_1\|_1^2 \geqslant 2\delta\|u_1\|_1^2,$$

$$\begin{aligned}&|(f,u_1)|\leqslant\gamma\|f\|_0\|u_1\|_1,\\&|b(u_0,u_0,u_1)|\leqslant C_0\gamma\|u_0\|_1^2\|u_1\|_1\leqslant C_0\gamma^3\nu^{-2}\|f\|_0^2\|u_1\|_1.\end{aligned} \tag{4-47}$$

结合 (4-46) 和 (4-47), 有

$$\|u_1\|_1\leqslant(2\delta)^{-1}(\gamma\|f\|_0+C_0\gamma^3\nu^{-2}\|f\|_0^2). \tag{4-48}$$

由定理 3.1, 多层稳定化有限元方法 (4-41) 当 $j=1$ 的情形为

$$\begin{aligned}\|u_1\|_1+\|p_1\|_0\leqslant&\beta^{-1}\sup_{(v,q)\in X_{h_1}\times M_{h_1}}\frac{|\mathcal{B}_h((u_1,p_1);(v,q))|}{\|v\|_1+\|q\|_0}\\=&\beta^{-1}\sup_{(v,q)\in X_{h_1}\times M_{h_1}}\frac{|(f,v)+b(u_0,u_0,v)-b(u_1,u_0,v)-b(u_0,u_1,v)|}{\|v\|_1+\|q\|_0}\\\leqslant&\beta^{-1}\gamma\|f\|_0+C_0\gamma\|u_0\|_1^2+2C_0\gamma\|u_0\|_1\|u_1\|_1\\\leqslant&\kappa_1\|f\|_0.\end{aligned} \tag{4-49}$$

现在证明两层稳定有限元方法的收敛性: 当 $j=1$ 时, 由 (4-41) 可得

$$\begin{aligned}&\mathcal{B}_h((R_1-u_1,Q_1-p_1);(v,q))+b(u_0,u-u_1,v)\\&+b(u-u_1,u_0,v)-b(u-u_0,u-u_0,v)=0.\end{aligned}$$

在 (4-50) 中取 $(v,q)=(e_1,\eta_1)=(R_1(u,p)-u_1,Q_1(v,q)-p_1)$ 和 $e=u-R_1(u,p)$, 有

$$\begin{aligned}2\delta|e_1|_1^2\leqslant&2C_0\gamma\|u_0\|_1\|e\|_1\|e_1\|_1+C_0\gamma\|u-u_0\|_1^2\|e_1\|_1\\\leqslant&\kappa(h_1+h_0^2)\|e_1\|_1.\end{aligned} \tag{4-50}$$

如果取 $h_1=O(h_0^2)$, 则有 (4-45). □

关于上节两层稳定有限元方法, 可以通过定理 4.8 得到粗细网格的尺度关系 $h=O(|\log h|^{1/2}H^3)$(见 [10, 63]), 但是这种关系在多层稳定化方法之中不再成立. 详细地说, 如果我们想要得到关于速度 L^2 优化的误差估计, 就必须降低这种网格比例关系. 另一方面, 如果按照这样的尺度关系或者 $h=O(H^2)$ 进行操作, 在第 j 层关于速度的 L^2 误差估计仅仅只能达到 $h^{3/2}$ 阶的收敛, 因此, 下面主要讨论关于速度的 H^1 范数和压力的 L^2 范数的收敛性分析.

为了得到定常 N-S 方程多层稳定化有限元方法的适定性分析, 定义新的双线性形式

$$B_j((w,\lambda);(v,q)) = A_j(w,v) - d(v,\lambda) + d(w,q) + G(\lambda,q), \tag{4-51}$$

这里

$$A_j(w,v) = a(w,v) + b(u_{j-1},w,v) + b(w,u_{j-1},v).$$

定理 4.10　在引理 4.2 和定理 4.9 的前提下, 定常 N-S 方程第 $j(j>1)$ 层稳定化有限元方法存在唯一解 $(u_j,p_j)\in X_{h_j}\times M_{h_j}$, 且满足

$$\|u_j\|_1 + \|p_j\|_0 \leqslant \kappa_{1,j}\|f\|_0. \tag{4-52}$$

如果尺度关系 $h_j = O(h_{j-1}^2)$, $j=1,2\cdots,J$ 成立, 则对充分小的 h_{j-1} 有

$$\|u-u_j\|_1 + \|p-p_j\|_0 \leqslant \kappa_{2,j}h_j, \tag{4-53}$$

这里 $\kappa_{1,j}$ 和 $\kappa_{2,j}$ 表示依赖于 (ν,f,Ω,j) 的正常数.

证明　利用数学归纳法证明. 首先, 可由 Brouwer 不动点定理 2.1 和定理 4.9 证明得定常 N-S 方程多层稳定化方法当取 $j=1$ 时是成立的. 如果假设 $j=m(1<m\leqslant J-1)$ 时是成立的, 我们只需证明 $j=m+1$ 时成立即可.

第 $m+2$ 层的解 (u_{m+1},p_{m+1}) 的存在唯一性依赖于 B_m 的弱强制性. 对于任意的 $p_{m+1}\in M_{h_{m+1}}\subset M$, 存在正常数 $w\in X$ 和 C_0 满足

$$(\mathrm{div}w,p_{m+1}) = \|p_{m+1}\|_0^2, \quad \|w\|_1 \leqslant C_0\|p_{m+1}\|_0. \tag{4-54}$$

令 $w_h = I_h w$, 则由假设 (A2) 可得

$$\|w_{m+1}\|_1 \leqslant C\|w\|_1 \leqslant C_1\|q_{m+1}\|_0. \tag{4-55}$$

如果 h_m 充分小并且满足 $C_0\gamma\|u-u_m\|\leqslant\delta$, 由定理 4.9 和 (4-52), 有

$$\begin{aligned}|A_{m+1}(v,w)| &= |a(v,w) + b(u_m,v,w) + b(v,u_m,w)|\\ &\leqslant \nu\|v\|_1\|w\|_1 + 2C_0\gamma\|u_m\|_1\|v\|_1\|w\|_1\end{aligned}$$

$$
\begin{aligned}
&\leqslant \nu\|w\|_1\|v\|_1 + 2C_0\kappa_{1,m}\gamma\|f\|_0\|w\|_1\|v\|_1 \\
&\leqslant (\nu + 2C_0\kappa_{1,m}\gamma\|f\|_0)\|w\|_1\|v\|_1,
\end{aligned} \tag{4-56}
$$

$$
\begin{aligned}
|A_{m+1}(w,w)| &= |a(w,w) + b(u_m,w,w) + b(w,u_m,w)| \\
&= |a(w,w) + b(w,u_m - u,w) + b(w,u,w)| \\
&\geqslant 2\delta\|w\|_1^2 - C_0\gamma\|u - u_m\|_1\|w\|_1^2 \\
&\geqslant \delta\|w\|_1^2 > 0.
\end{aligned} \tag{4-57}
$$

对于双线性 $B_j((\cdot,\cdot);(\cdot,\cdot))$, 取 $(v,q) = (u_{m+1} - \alpha w_{m+1}, p_{m+1})$ 且

$$
\alpha < \frac{2\delta}{C_0C^2\delta + C_1},
$$

由 (A2) 和 Young 不等式可得

$$
\begin{aligned}
&|B_{m+1}((u_{m+1},p_{m+1});(u_{m+1} - \alpha w_{m+1}, p_{m+1}))| \\
=\ & A_{m+1}(u_{m+1},u_{m+1}) - \alpha A_{m+1}(u_{m+1},w_{m+1}) - \alpha d(w - w_{m+1}, p_{m+1}) \\
&+ \alpha d(w,p_{m+1}) + G(p_{m+1},p_{m+1}) \\
\geqslant\ & \delta\|u_{m+1}\|_1^2 + G(p_{m+1},p_{m+1}) - \frac{\delta}{2}\|u_{m+1}\|_1^2 - \frac{2\delta}{\delta C_0C^2 + c_1}\|w_{m+1}\|_1^2 \\
&+ \alpha\|p_{m+1}\|_0^2 - C\alpha\|w\|_1\|p_{m+1} - \Pi p_{m+1}\|_0 \\
\geqslant\ & \frac{\delta}{2}\|u_{m+1}\|_1^2 + \frac{1}{2}G(p_{m+1},p_{m+1}) + \alpha\left(1 - \frac{C^2C_0\alpha}{2} - \frac{\alpha C_1}{2\delta}\right)\|p_{m+1}\|_0^2 \\
\geqslant\ & C_3(\|u_{m+1}\|_1 + \|p_{m+1}\|_0)^2.
\end{aligned} \tag{4-58}
$$

明显地, 由 (4-55), 有

$$
\|u_{m+1} + \alpha w_{m+1}\|_1 + \|p_{m+1}\|_0 \leqslant C_4(\|u_{m+1}\|_1 + \|p_{m+1}\|_0). \tag{4-59}
$$

结合 (4-58) 和 (4-59) 可得

$$
\begin{aligned}
&\sup_{(v,q)\in X_{h_{m+1}}\times M_{h_{m+1}}} \frac{|B_{m+1}((u_{m+1},p_{m+1});(v,q))|}{\|v\|_1 + \|q\|_0} \\
\geqslant\ & \frac{|B_{m+1}((u_{m+1},p_{m+1});(u_{m+1} - \alpha w_{m+1}, p_{m+1}))|}{\|u_{m+1} + \alpha w_{m+1}\|_1 + \|p_{m+1}\|_0} \geqslant \beta(\|u_{m+1}\|_1 + \|p_{m+1}\|_0).
\end{aligned} \tag{4-60}
$$

关于 B_{m+1} 连续性是显然的, 因此对于方程 (4-41) 当 $j = m+1$ 时, 存在唯一解 (u_{m+1}, p_{m+1}).

接下来, 讨论在 $m+2$ 层网格上的解 (u_{m+1}, p_{m+1}) 的稳定性: 在 (4-53) 中取 $(v,q) = (u_{m+1}, p_{m+1})$, 可以得到

$$\begin{aligned}&\nu\|u_{m+1}\|_1^2 + G(p_{m+1}, p_{m+1}) + b(u_{m+1}, u, u_{m+1})\\ =&b(u_m, u_m, u_{m+1}) + b(u_{m+1}, u-u_m, u_{m+1}) + (f, u_{m+1}).\end{aligned} \tag{4-61}$$

由 (2-12) 可得

$$\begin{aligned}2\delta\|u_{m+1}\|_1^2 \leqslant&|b(u_m, u_m, u_{m+1}) + b(u_{m+1}, u-u_m, u_{m+1}) + (f, u_{m+1})|\\ \leqslant&C_0\gamma\|u_m\|_1^2\|u_{m+1}\|_1 + \delta\|u_{m+1}\|_1^2 + \gamma\|f\|_0\|u_{m+1}\|_1.\end{aligned} \tag{4-62}$$

因此, 对 (4-62) 进行简单运算可得

$$\|u_{m+1}\|_1 \leqslant \delta^{-1}(C_0\gamma\|u_m\|_1^2 + \gamma\|f\|_0). \tag{4-63}$$

关于 $\|p_{m+1}\|_0$ 的有界性可由 (2-12) 和双线性形式 $B_{m+1}((\cdot,\cdot);(\cdot,\cdot))$ 的稳定性 (4-60) 得到

$$\begin{aligned}\|u_{m+1}\|_1 + \|p_{m+1}\|_0 \leqslant&\beta^{-1} \sup_{(v,q)\in X_{h_{m+1}}\times M_{h_{m+1}}} \frac{|B_{m+1}((u_{m+1}, p_{m+1});(v,q))|}{\|v\|_1 + \|q\|_0}\\ =&\beta^{-1} \sup_{(v,q)\in X_{h_{m+1}}\times M_{h_{m+1}}} \frac{|(f,v) + b(u_m, u_m, v)|}{\|v\|_1 + \|q\|_0}\\ \leqslant&\kappa(\|u_m\|_1^2 + \|f\|_0) \leqslant \kappa_{1,m+1}\|f\|_0,\end{aligned} \tag{4-64}$$

因此可得关于 $m+2$ 层上的解 (u_{m+1}, p_{m+1}) 的稳定性.

最后, 讨论 $m+2$ 层上的解 (u_{m+1}, p_{m+1}) 的收敛性: 从连续方程 (2-13) 中减去 $m+2$ 层上方程 (4-41), 可得

$$\begin{aligned}&\mathcal{B}_h((u-u_{m+1}, p-p_{m+1});(v,q)) + b(u_m, u-u_{m+1}, v)\\ &+b(u-u_{m+1}, u_m, v) + b(u-u_m, u-u_m, v) = 0.\end{aligned} \tag{4-65}$$

在 (4-35) 中取 $(v,q)=(R_{m+1}(u,p)-u_{m+1},Q_{m+1}(u,p)-p_{m+1})=(e_{m+1},\eta_{m+1})$, $e=u-R_{m+1}(u,p)$, 有

$$\nu\|e_{m+1}\|_1^2+G(\eta_{m+1},\eta_{m+1})+b(u_m,e,e_{m+1})+b(e,u_m,e_{m+1})+b(e_{m+1},u_m,e_{m+1})$$
$$+b(u-u_m,u-u_m,e_{m+1})=0. \tag{4-66}$$

由 (2-12), 可得

$$\begin{aligned}&|b(u_m,e,e_{m+1})+b(e,u_m,e_{m+1})|\\ \leqslant&2C_0\gamma\|u_m\|_1\|e_{m+1}\|_1\|e\|_1\leqslant\kappa_{1,m+1}h_{m+1}\|e_{m+1}\|_1,\\ &|b(e_{m+1},u_m,e_{m+1})|\\ =&|b(e_{m+1},u-u_m,e_{m+1})-b(e_{m+1},u,e_{m+1})|\\ \leqslant&C_0\nu^{-1}\gamma^2\|f\|_0\|e_{m+1}\|_1^2+C_0\gamma\|u-u_m\|_1\|e_{m+1}\|_1^2\\ \leqslant&C_0\nu^{-1}\gamma^2\|f\|_0\|e_{m+1}\|_1^2+\delta\|e_{m+1}\|_1^2,\\ &|b(u-u_m,u-u_m,e_{m+1})|\\ \leqslant&C_0\gamma\|u-u_m\|_1^2\|e_{m+1}\|_1\leqslant C_0\gamma\kappa_{2,m}h_m^2\|e_{m+1}\|_1.\end{aligned} \tag{4-67}$$

简化 (4-66) 和 (4-67) 可得

$$\|e_{m+1}\|_1\leqslant\kappa_{2,m+1}(h_{m+1}+h_m^2). \tag{4-68}$$

显然, 由 (4-60) 和 (4-68) 可推出

$$\begin{aligned}\|\eta\|_0\leqslant&\beta_1^{-1}\frac{\mathcal{B}((e_{m+1},\eta_{m+1});(v,q))}{\|v\|_1+\|q\|_0}\\ \leqslant&C(\|e\|_1+\|e_{m+1}\|_1)+C\|u-u_m\|_1^2\leqslant\kappa_{2,m+1}(h_{m+1}+h_m^2).\end{aligned} \tag{4-69}$$

最后, 由 $h_{m+1}=O(h_m^2)$, 引理 4.2 和 (4-68)~(4-69) 可得在 $m+2$ 层上的结果成立. 因此, 由数学归纳法, 我们得到所要的结论. □

4.2.2 数值模拟

本节给出定常 N-S 方程 (2-10) 两层及多层稳定化有限元方法的数值模拟. 首先分析三种两层稳定化有限元方法, 然后讨论多层稳定化有限元方法.

1. 两层稳定有限元方法

为了说明两层稳定有限元方法高效性, 我们与局部高斯积分稳定化方法作比较. 在相同的网格和黏性系数 $\nu = 1$ 前提下给出低次等阶有限元 P_1-P_1 稳定化方法求解定常 N-S 方程. 先计算 Stokes 方程的解, 然后以 Stokes 方程的解作为迭代初值在粗网格进行牛顿迭代得到粗网格的解. 然后, 细网格的解只需粗网格上的解线性化 N-S 方程一步校正即可. 按照理论, 当求解细网格解时需要知道粗网格的解, 它们之间的网格关系可由定理 4.6-4.8 得到. 对简单两层稳定有限元方法、Oseen 两层稳定有限元方法和牛顿两层稳定有限元方法, 给出粗细网格之间的关系 $h = O(H^2)$ 或 $H = h^{1/3}|\log h|^{-1/6}$(表 4-5). 在这种关系下, 可得到稳定化有限元与三种两层稳定有限元方法相同的收敛速度 (表 4-6).

表 4-5　三种两层稳定有限元方法粗细网格 $1/h$ 和 $1/H$ 之间比例

$1/h$	简单格式: $1/H$	Oseen 格式: $1/H$	牛顿格式: $1/H$
16	4	4	2.9867
25	5	5	3.5530
36	6	6	4.0846
49	7	7	4.5894
64	8	8	5.0725
81	9	9	5.5375
100	10	10	5.9870
121	11	11	6.4230

对于三种两层稳定有限元方法, 我们对三种方法的收敛速度与新稳定化有限元方法进行比较. 在表 4-6 中, 给出了速度的 H^1 范数的相对误差、压力的 L^2 范数的相对误差、速度 H^1 范数收敛阶和压力 L^2 范数收敛阶. 在表中, 第一行表示传统的 Galerkin 方法, 第二行和第三行分别表示简单两层稳定有限元方法和 Oseen 两层稳定有限元方法 ($h = O(H^2)$), 第四行表示牛顿两层稳定有限元方法 ($H = h^{1/3}|\log h|^{-1/6}$). 为了比较三种两层稳定有限元方法, 我们对固定细网格 h 进行比较. 例如, 当传统的 Galerkin 方法取 $h = 1/16$ 时, 则三种两层稳定有限元方法依次取 $H = 1/4$, $1/4$ 和 $H = 1/3$; 当细网格取 $h = 1/25$ 时, 依次取

表 4-6 三种两层稳定有限元方法之比较

$1/H$	$1/h$	CPU	$\frac{\Vert u-u_{\mathrm{app}}\Vert_1}{\Vert u\Vert_1}$	$\frac{\Vert p-p_{\mathrm{app}}\Vert_0}{\Vert p\Vert_0}$	u_{H^1} 收敛率	p_{L^2} 收敛率
	16	2.047	0.249861	0.0359394		
4	16	0.969	0.24979	0.0361215		
4	16	0.992	0.249875	0.0359481		
3	16	1.125	0.249816	0.0361425		
	25	4.954	0.142013	0.0165431	1.265970173	1.738488712
5	25	1.875	0.142004	0.0166406	1.265475375	1.736646116
5	25	2.275	0.142025	0.0165363	1.265906389	1.739952292
4	25	2.515	0.142005	0.0166515	1.265692814	1.736481183
	36	7.297	0.0917078	0.00881088	1.199285413	1.727666728
6	36	3.89	0.0917065	0.00887473	1.199150484	1.723980398
6	36	4.353	0.0917164	0.0088022	1.199259975	1.729242239
4	36	5.297	0.0917159	0.00892605	1.198888711	1.70996328
	49	13.625	0.0643546	0.00519608	1.148872715	1.712878681
7	49	6.797	0.0643548	0.0052449	1.148816655	1.705966322
7	49	8.328	0.0643606	0.00518788	1.148874475	1.714804485
5	49	10.047	0.064359	0.00524233	1.148937428	1.726258724
	64	24.75	0.0478084	0.00330374	1.112881193	1.695666188
8	64	11.266	0.0478083	0.00334558	1.11289283	1.683559556
8	64	13.252	0.0478123	0.00329741	1.112917009	1.696933639
5	64	15.985	0.0478164	0.00335542	1.112502842	1.670727379
	81	45.016	0.0370053	0.00222655	1.087330266	1.675121785
9	81	18.453	0.0370046	0.00226544	1.087410568	1.655039153
9	81	23.389	0.0370076	0.00222323	1.087421589	1.673314906
6	81	26	0.0370075	0.00225286	1.08779707	1.691145191
	100	69.954	0.0295419	0.00157302	1.068956191	1.648890771
10	100	28.281	0.0295404	0.0016114	1.069107387	1.61666651
10	100	35.168	0.0295428	0.00157381	1.069106563	1.639426592
6	100	39.875	0.029545	0.00160642	1.068740356	1.604929595
	121	216.89	0.0241581	0.00115656	1.055447946	1.613401932
11	121	42.969	0.0241557	0.00119617	1.055702766	1.563204377
11	121	55.681	0.0241577	0.00116254	1.055694627	1.588981184
7	121	61.219	0.0241575	0.0011826	1.056128707	1.606820472

$H = 1/5, 1/5$ 和 $H = 1/4$. 总之, 在粗网格的选取上依赖于上述的粗细网格比例关系. 数值结果如表 4-6 所示, 可以发现两层稳定有限元方法和新稳定化有限元方法具有相同的精度, 但两层稳定有限元方法只需在细网格上计算少量的算子, 从而节省了大量的计算时间. 对于三种方法不同的地方: 简单两层稳定有限元方法在细网格只需计算 Stokes 方程, Oseen 两层稳定有限元方法需要计算含由 $(u_H \cdot \nabla)u_h$ 项的 Stokes 方程, 而牛顿两层稳定有限元方法需要同时计算 $(u_h \cdot \nabla)u_H$ 和 $(u_H \cdot \nabla)u_h$ 的 Stokes 方程, 因此简单两层稳定有限元方法比后两种方法要简单. 符合理论分析, 也可由表看出, 当 $h = 1/100$, $1/121$ 时, 对于简单两层稳定有限元方法只需 28.281s, 42.969s, 但对于牛顿两层稳定有限元方法, 我们需要 39.875s, 61.219s. 对于上述的网格尺度, 发现基于局部高斯积分稳定化方法和两层稳定方法均完全符合理论收敛速度的分析. 特别地, 在上述计算过程中仅仅选用停机标准为 10^{-3}. 如果取得更小时, 两层稳定有限元方法则会节省更多的计算时间.

2. 多层稳定化有限元方法

我们再来说明低次等阶有限元多层稳定化方法理论的正确性, 主要给出当 $\nu = 0.1$ 时, 关于低次等阶有限元 P_1-P_1 多层新稳定化方法.

类似于上述两层稳定有限元方法的讨论, 我们给出局部高斯积分稳定化有限元方法和多层方法当 $j = 1$ 时的情况 (即两层稳定有限元方法), 以及两层稳定有限元方法以上的多层稳定化有限元方法的比较. 与两层方法相似的地方在于只需在粗网格上解决定常 N-S 方程, 在细网格用粗网格的解进行插值, 并且只需要一步校正解决线性 Stokes 方程. 对于 j 方法而言, 只需 $j-1$ 次一步校正, 每一次校正都关系着网格的尺度按比例加细. 因此, 相对于两层稳定方法和新稳定化有限元方法, 我们的方法可以解决更大规模的计算.

计算结果表明, 多层方法的收敛阶与稳定化方法的收敛阶及理论结果吻合. 表 4-7 至表 4-9 给出了速度的 H^1 相对误差和压力的 L^2 相对误差, 我们特意用停机标准 10^{-5}, 然后在表 4-7 至表 4-9 中给出两层和三层稳定有限元方法的结果. 类似于两层稳定有限元方法比较, 先固定了细网格然后按照理论分析选择粗网格. 我们选择了粗细网格比例 $h_j \sim h_{j-1}^2,\ \ j = 1, \cdots, J$. 正如理论所示, 两层及多层稳定有限元方法对速度和压力结果并没有任何的影响. 它们在精度和收敛阶方面等同于一层稳定有限元方法.

表 4-7 新稳定化稳定有限元方法 (停机标准 10^{-5})

$1/h$	CPU/s	$\frac{\|u-u_h\|_1}{\|u\|_1}$	$\frac{\|p-p_h\|_0}{\|p\|_0}$	u_{H^1} 收敛率	p_{L^2} 收敛率
16	1.922	0.336006	0.0144832		
64	20.641	0.0543514	0.00127719	1.314048946	1.751667664
81	34.062	0.0411627	0.000865435	1.179872229	1.652128247
256	429.484	0.0115642	0.000138268	1.103317263	1.593806684

表 4-8 两层稳定有限元方法 (停机标准 10^{-5})

$1/h_0$	$1/h_1$	CPU/s	$\frac{\|u-u_h\|_1}{\|u\|_1}$	$\frac{\|p-p_h\|_0}{\|p\|_0}$	u_{H^1} 收敛率	p_{L^2} 收敛率
4	16	1.062	0.366936	0.0146771		
8	64	15.344	0.0556984	0.00130904	1.359910332	1.743492926
9	81	24.609	0.0419721	0.000889305	1.201133541	1.641191629
16	256	278.734	0.0117334	0.000147112	1.107616496	1.563571586

表 4-9 三层网格稳定有限元方法 (停机标准 10^{-5})

$1/h_0$	$1/h_1$	$1/h_2$	CPU/s	$\frac{\|u-u_h\|_1}{\|u\|_1}$	$\frac{\|p-p_h\|_0}{\|p\|_0}$	u_{H^1} 收敛率	p_{L^2} 收敛率
2	4	16	0.969	0.367075	0.0146777		
3	8	64	14.875	0.0565917	0.00131982	1.34870624	1.737606413
3	9	81	23.953	0.0439776	0.000905174	1.070535823	1.600924319
4	16	256	273.484	0.0125626	0.000160876	1.088837633	1.50121738

同时, 我们给出了更多多层稳定化有限元方法的例子 (表 4-10 和表 4-11). 特别地, 选择停机标准为 10^{-3}. 一般情况下, 网格越细则数值解越精确; 层数越多越节省时间, 但精度相对越差. 由表 4-11 发现, 对于 $1/h = 64$ 时, 五层网格方法比四层网格方法高效, 这是由于五层网格方法中间增加了关于 $h = 1/8$ 的计算. 同时, 另外一个例子提供了两种五层稳定有限元方法的网格尺度选取 $h_0 = 1/2$, $h_1 = 1/4$, $h_2 = 1/8$, $h_3 = 1/64$, $h_4 = 1/128$ 和 $h_0 = 1/2$, $h_1 = 1/4$, $h_2 = 1/16$, $h_4 =$

1/64, $h_5 = 1/128$. 这个例子给出两种五层尺度的不同选取, 由于第一种方法和第二种方法除了第三层使用了不同的网格尺度: 第一种方法选取尺度为 $h_2 = 1/8$, 而第二种方法为 $h_2 = 1/16$. 显然第二种方法选取尺度较细, 结果较为精确, 但计算时间增加. 当最终网格是 $h = 1/16$ 时, 我们观察到由于网格太粗, 因此误差略显粗糙. 对于两层和多层稳定有限元方法而言, 它们在保证新稳定化方法精度的同时节省了计算时间. 由于选取的网格差异不大, 具有相同最终网格的不同多层方法的结果相当接近. 这些有趣的数值结果符合逻辑, 也反映了预期的结果.

表 4-10 一层稳定有限元方法 (停机标准 10^{-3})

$1/h$	CPU/s	$\frac{\|u-u_h\|_1}{\|u\|_1}$	$\frac{\|p-p_h\|_0}{\|p\|_0}$	u_{H^1} 收敛率	p_{L^2} 收敛率
4	0.141	2.4	0.226824		
8	0.391	0.915549	0.0566176	1.3903254	2.002250798
16	1.328	0.336088	0.0150988	1.445798069	1.906816701
32	5.016	0.12978	0.00430643	1.372770961	1.809869608
64	20.344	0.0543536	0.00130828	1.255620574	1.718821039
128	82.343	0.0244815	0.000418634	1.150683637	1.643909949

表 4-11 j 层稳定有限元方法 (停机标准 10^{-3})

$1/h$	CPU/s	$\frac{\|u-u_h\|_1}{\|u\|_1}$	$\frac{\|p-p_h\|_0}{\|p\|_0}$
2-4	0.109	2.40395	0.226833
2-4-8	0.328	0.921452	0.0567281
2-4-8-16	1.156	0.336225	0.0151153
16-32	4.625	0.129774	0.00416221
4-16-32	4.579	0.129839	0.00416686
2-4-16-32	4.312	0.130313	0.00418236
32-64	19.969	0.0543527	0.0012775
16-32-64	19.234	0.0543527	0.00127754
2-4-16-64	17.125	0.0545646	0.00128404
2-4-8-16-64	15.984	0.0543849	0.00127974
2-4-8-64-128	74.234	0.0244829	0.000412747
2-4-16-64-128	75.109	0.0244817	0.000412586

总之, 本章数值结果表明两层及多层稳定有限元方法的解 (u_{j+1}, p_{j+1}) 具有和新稳定化有限元方法相同的收敛阶, 而两层及多层稳定方法计算更为简单高效.

4.3 粗网格局部 L^2 投影超收敛方法[48]

超收敛分析是目前数值计算中最具吸引力的一个领域. 它只需要简单的操作, 通过后处理来提高现有的数值精度.

我们给出的局部 L^2 投影超收敛方法[45], 具有区别于其他超收敛方法的特点: 对于网格要求低、灵活方便不依赖于问题本身、毫无困难可推广于各种有限元方法. 它研究局部超收敛而不是点的超收敛性质、网格只需正则而不需一致正则、对空间要求比较低. 特别地, 对于不可压缩流问题不需苛刻的 inf-sup 条件.

为了节省篇幅, 我们直接用粗网格局部 L^2 投影超收敛方法与局部间断有限元关于速度无散度基方法结合说明其高效性. 为了与本书保持一致, 只讨论齐次边界条件的定常 N-S 方程的理论. 关于三维问题非齐次边界条件 N-S 方程, 可参考文献 [46–48]. 特别地, 由于局部间断有限元方法的特殊性, 为了保证其自包含性, 我们使用一些区别于第 3 章中的符号.

4.3.1 理论分析

本节所研究的网格剖分: 速度和压力具有不同的尺度 $0 < k,\ h < 1$. 对于每个 k, $\tau_k = \{\Omega_i^k,\ i = 1, \cdots, d_k\}$ 是关于速度拟一致剖分. 关于压力, 其剖分 $\tau_h = \{\Omega_\ell^h : \ell = 1, \cdots, d_h\}$ 不同于 τ_k, 为了满足离散的 inf-sup 条件, τ_k 比 τ_h 剖分的要细, 且 $\Omega_i^h, i = 1, \cdots, d_h$ 是 τ_k 中的一系列单元的组合. 更多的细节可参考文献 [46,47].

为了方便描述, 定义 Hilbert 空间 $E_k = \prod\limits_{i=1}^{d_k} [H^2(\Omega_i^k)]^2$, 它是可看为 $[L^2(\Omega)]^2$ 的一个子空间.

现给出双线性形式 $a_k^\gamma : E_k \times E_k \longrightarrow R$ 的定义:

$$
\begin{aligned}
a_k^\gamma(u, v) = \sum_{i=1}^{d_k} \Bigg\{ (\nabla u^{(i)}, \nabla v^{(i)})_{\Omega_i^k} + \sum_{j \in N_i} \tau_{ij} \Bigg[&- \left\langle \frac{\partial u^{(i)}}{\partial n}, v^{(i)} - v^{(j)} \right\rangle_{\partial \Omega_{ij}^k} \\
&- \left\langle \frac{\partial v^{(i)}}{\partial n}, u^{(i)} - u^{(j)} \right\rangle_{\partial \Omega_{ij}^k} + \gamma \kappa_i^{-1} < u^{(i)} - u^{(j)}, v^{(i)} - v^{(j)} >_{\partial \Omega_{i,j}^k} \Bigg]
\end{aligned}
$$

$$-\left\langle \frac{\partial u^{(i)}}{\partial n}, v^{(i)} \right\rangle_{\partial\Omega_i^e} - \left\langle \frac{\partial v^{(i)}}{\partial n}, u^{(i)} \right\rangle_{\partial\Omega_i^e} + \gamma\kappa_i^{-1} < u^{(i)}, v^{(i)} >_{\partial\Omega_i^e} \Bigg\}, \quad (4\text{-}70)$$

这里

$$(\nabla u^{(i)}, \nabla v^{(i)})_{\Omega_i^k} = \sum_{j,\ell=1}^{d_k} \int_{\Omega_i^k} \frac{\partial u_j}{\partial x_\ell} \frac{\partial v_j}{\partial x_\ell} dx.$$

当 $u \in [H^2(\Omega)]^2$ 时, 上面的双线性形式可表示为

$$a_k^\gamma(u,v) = -(\Delta u, v) - \sum_{i=1}^{d_k} \left\langle u^{(i)}, \frac{\partial v^{(i)}}{\partial n} - \gamma\kappa_i^{-1} v^{(i)} \right\rangle_{\partial\Omega_i^e}, \quad \forall v \in E_k. \quad (4\text{-}71)$$

因此, 自然可得近似的 H^1 范数 $\|\cdot\|_{1,k} : E_k \to R$ 和近似 L^2 范数 $\|\cdot\|_{0,h} : H^1(\Omega)/R \to R$:

$$\|v\|_{1,k} = \Bigg\{ \sum_{i=1}^{d_k} \Bigg(\|\nabla v^{(i)}\|_{0,\Omega_i}^2 + \sum_{j\in N_i} \tau_{ij} \left[k_i \left\| \frac{\partial v^{(i)}}{\partial n} \right\|_{0,\partial\Omega_{i,j}} + k_i^{-1} \|v^{(i)} - v^{(j)}\|_{0,\partial\Omega_{i,j}}^2 \right]$$
$$+ k_i \left\| \frac{\partial v^{(i)}}{\partial n} \right\|_{0,\partial\Omega_i^e} + k_i^{-1} \|v^{(i)}\|_{0,\partial\Omega_i^e}^2 \Bigg) \Bigg\}^{1/2}, \quad (4\text{-}72)$$

$$\|q\|_{0,h} = \left\{ \inf_{r\in R} \|q+r\|^2{}_{0,\Omega} + \sum_{\ell=1}^{d_h} h_\ell^2 \|\nabla q^{(\ell)}\|_{0,\Omega_\ell^h}^2 \right\}^{1/2}. \quad (4\text{-}73)$$

特别地, k_i 和 h_ℓ 是 Ω_i^k 和 Ω_ℓ^h 的直径. 为了防止混淆, 定义两种边界为

$$\partial\Omega_{i,j} = \partial\Omega_i \cap \partial\Omega_j, \quad \partial\Omega_j^e = \partial\Omega \cap \partial\Omega_j,$$

且给出 Ω_j 的影响元素集

$$N_i = \{j : \Omega_j \text{ 相邻 } \Omega_i\}, \quad \tau_{ij} = 1\ , i > j, \quad \tau_{ij} = 0,\ i \leqslant j.$$

同时, 用 $v^{(i)}$ 和 $q^{(\ell)}$ 分别表示 v 和 q 在 Ω_i^k 和 Ω_ℓ^h 中的限制, $v^{(i)} - v^{(j)}$ 表示 v 通过 $\partial\Omega_{i,j}$ 的跳跃, $\dfrac{\partial v^{(i)}}{\partial n}$ 表示 $v^{(i)}$ 在区域边界 $\partial\Omega_i$ 的方向导数.

设 D 是 Ω 的一个子区域, 整数 $r \geqslant 1$, $[R_r(D)]^2$ 指示在 D 上的分片多项式的次数为 r. 定义下面子空间为

$$[V^r(D)]^2 = \{v \in [R_r(D)]^2 : \text{div} v = 0 \in D\},$$

$$[S^r(D)]^2 = \{v \in [H^r(D)]^2 : \text{div} v = 0 \in D\}.$$

同时, 定义无散度有限元空间为

$$V_k^{r_1} = \left\{ v \in \prod_{i=1}^{d_k} V^{r_1}(\Omega_i^k)^2;\ v|_{\Omega_i^k} \in [V^{r_1}(\Omega_i^k)]^2,\ \forall\ \Omega_i^k \in \tau_k,\ i = 1, 2, \cdots, d_k \right\}, \quad r_1 \geqslant 1, \tag{4-74}$$

$$P_h^{r_2} = \{q \in C^0(\Omega);\ q|_{\Omega_\ell^h} \in J^{r_2}(\Omega_\ell^h),\ \forall\ \Omega_\ell^h \in \tau_h,\ i = 1, 2, \cdots, d_h\}, \quad r_2 \geqslant 2. \tag{4-75}$$

特别地, 仿射变换不能保无散度性质, 但利用 [47] 构造的无散度基的技巧, 可把无散度基融入于速度有限元之中, 使得计算更易局部并行. 下面仅给出低次的无散度基 (三维见 [46, 48]): 分片线性无散度基为 $(r_1 = 2)$

$$(1, 0), \quad (0, 1), \quad (y, 0), \quad (0, x), \quad (x, -y).$$

分片二次无散度有限元基为 $(r_1 = 3)$

$$(y^2, 0), \quad (0, x^2), \quad (x^2, -2xy), \quad (-2xy, y^2).$$

关于压力逼近, 我们利用标准的连续分片多项式 $P_h^{r_2}$. 它们共同构造的有限元空间满足[46, 47] 以下的假设:

(I) 逼近条件. 令 $m \geqslant 2$, 如果 $v \in S^m(\Omega_i^k)$, 则存在 $\chi \in V_k^{r_1}$ 满足

$$\|v - \chi\|_{0,\Omega} \leqslant C \left(\sum_{i=1}^{d_k} k_i^{2m} |v^i|_{m,\Omega_i^k}^2 \right)^{1/2}, \quad r_1 \geqslant m \geqslant 2, \tag{4-76}$$

$$\|v - \chi\|_{1,k} \leqslant C \left(\sum_{i=1}^{d_k} k_i^{2m-2} |v^{(i)}|_{m,\Omega_i^k}^2 \right)^{1/2}, \quad r_1 \geqslant m \geqslant 2. \tag{4-77}$$

同时, 对于任意的 $p \in H^s(\Omega)$, 存在 $q \in P_h^{r_2}$ 满足

$$\|p - q\|_{0,h} \leqslant C \left(\sum_{\ell=1}^{d_h} h_\ell^{2m} |p^\ell|_{m,\Omega_\ell^h}^2 \right)^{1/2}, \quad r_2 \geqslant m \geqslant 1. \tag{4-78}$$

(II) 逆不等式.

$$|\chi|_{m,\Omega_i^k} \leqslant C k_i^{-(m-s)} |\chi|_{s,\Omega_i^k}, \quad i = 1, \cdots, d_k,\ 0 \leqslant s \leqslant m \leqslant r_1, \forall \chi \in J^{r_1}(\Omega_i^k)^2, \tag{4-79}$$

$$|q|_{m,\Omega_\ell^h} \leqslant C h_\ell^{-(m-s)} |q|_{s,\Omega_\ell^h}, \quad i = 1, \cdots, d_\ell,\ 0 \leqslant s \leqslant m \leqslant r_2, \forall q \in P_h^{r_2}, \tag{4-80}$$

这里 $|\cdot|_{m,\Omega_D}$ 表示子区域 D 的半范.

(III) inf-sup 条件. 给定 $r_1 \geqslant 1$ 和 $r_2 \geqslant 2$. 假设 τ_k 关于 τ_h 充分细, 则有不依赖于 k 和 h 的正常数 β, 满足

$$\sup_{0\neq v\in V_k^{r_1}} \frac{(v,\nabla q)}{\|v\|_{1,k}} \geqslant \beta\|q\|_{0,h}, \quad \forall q \in P_h^{r_2}. \tag{4-81}$$

为了定义定常 N-S 方程的变分形式, 介绍下面的空间:

$$X = E_k \times H^1(\Omega)/R, \quad X_{k,h} = V_k^{r_1} \times P_h^{r_2}/R.$$

给出双线性形式 $a_h^\gamma(\cdot,\cdot)$, $d(\cdot,\cdot)$ 和三线性项 $b(\cdot,\cdot,\cdot)$ 的连续性或强制性.

引理 4.3　(1) 双线性形式 $a_k^\gamma(u,v)$ 和 $(v,\nabla q)$ 满足

$$|a_k^\gamma(u,v)| \leqslant (1+\gamma)\|u\|_{1,k}\|v\|_{1,k}, \quad \forall u,v \in E_k, \tag{4-82}$$

$$|(v,\nabla q)| \leqslant C\|v\|_{1,k}\|q\|_{0,h}, \quad \forall v \in E_k,\ q \in H^1(\Omega). \tag{4-83}$$

(2) 对所有的 $\gamma \geqslant \gamma_0$, 存在正常数 γ_0 和 c_a, 满足

$$a_k^\gamma(v,v) \geqslant c_a\|v\|_{1,k}^2, \quad \forall v \in V_k^{r_1}, \tag{4-84}$$

这里 γ_0 依赖于 r_1 但与网格尺度 k 无关.

定义修改的三线性项 $b_1(\cdot,\cdot,\cdot): E_k^3 \to R$ 为[47]

$$\begin{aligned} b_1(u,v,w) = \sum_{i=1}^{d_k} \Bigg[&\int_{\Omega_i^k} (u^{(i)}\cdot\nabla)v^{(i)}\cdot w^{(i)}dx \\ &- \sum_{j\in N_i} \tau_{ij} \int_{\partial\Omega_{ij}^k} ((v^{(i)}-v^{(j)})\cdot w^{(i)})(u^{(i)}\cdot n^{(i)})d\sigma \Bigg]. \end{aligned} \tag{4-85}$$

为了确保三线性项的反对称性质, 介绍三线性项

$$b(u,v,w) = \frac{1}{2}[b_1(u,v,w) - b_1(u,w,v)].$$

同时给出三线性项 $b(\cdot,\cdot,\cdot)$ 的连续性性质.

引理 4.4　三线性项 $b(\cdot,\cdot,\cdot)$: $E_k^3 \longrightarrow R$ 满足下面的性质[47]:

$$b(u,v,v) = 0, \quad \forall u,v \in E_k, \tag{4-86}$$

$$b(u,u,v)=\int_\Omega (u\cdot\nabla)u\cdot v dx-\frac{1}{2}\int_{\partial\Omega}(u\cdot n)(u\cdot v)d\sigma,\quad \forall u\in[S^2(\Omega)]^2,\quad v\in E_k, \tag{4-87}$$

且有

$$|b(u,v,w)|\leqslant c_b\|u\|_{1,k}\|v\|_{1,k}\|w\|_{1,k},\quad \forall u,v,w\in E_k, \tag{4-88}$$

$$|b(u,v,w)|\leqslant c_b\|u\|_{2,\Omega}\|v\|_{1,k}\|w\|_{1,k},\quad \forall u\in[H^2(\Omega)]^2, v,w\in E_k. \tag{4-89}$$

当 $m\geqslant 2$ 时, 对于 $\forall u\in[S^m(\Omega)]^2,\ w\in[H^m(\Omega)]^2\cap[S^1(\Omega)]^2$ 和 $v\in E_k$, 有

$$b(u,v,w)=-\sum_{i=1}^{d_k}\int_{\Omega_i^k}(u^{(i)}\cdot\nabla)w^{(i)}\cdot v^{(i)}dx, \tag{4-90}$$

$$b(v,u,w)=\frac{1}{2}\sum_{i=1}^{d_k}\int_{\Omega_i^k}((v^{(i)}\cdot\nabla)u^{(i)}\cdot w^{(i)}-(v^{(i)}\cdot\nabla)w^{(i)}\cdot u^{(i)})dx. \tag{4-91}$$

这里 c_b 是正常数.

证明 (4-86)~(4-89) 在文献 [47] 中已被证明.

现利用 Green 公式仅给出 (4-90)~(4-91) 的证明. 利用 (4-85) 并分部积分, 对于 $\forall u\in[S^m(\Omega)]^2,\ w\in[H^m(\Omega)]^2\cap[S^1(\Omega)]^2$ 和 $v\in E_k$, 当 $m\geqslant 2$, 有

$$\begin{aligned}
&\sum_{i=1}^{d_k}\int_{\Omega_i^k}(u^{(i)}\cdot\nabla)v^{(i)}\cdot w^{(i)}dx\\
=&\sum_{i=1}^{d_k}\Bigg\{\sum_{j\in N_i}\tau_{i,j}\int_{\partial\Omega_{ij}^k}((v^{(i)}-v^{(j)})\cdot w^{(i)})(u^{(i)}\cdot n^{(i)})d\delta\\
&-\int_{\Omega_i^k}(\mathrm{div}u^{(i)})(v^{(i)}\cdot w^{(i)})dx-\int_{\Omega_i^k}(u^{(i)}\cdot\nabla)w^{(i)}\cdot v^{(i)}dx\Bigg\}\\
=&\sum_{i=1}^{d_k}\Bigg\{\sum_{j\in N_i}\tau_{i,j}\int_{\partial\Omega_{ij}^k}((v^{(i)}-v^{(j)})\cdot w^{(i)})(u^{(i)}\cdot n^{(i)})d\delta-\int_{\Omega_i^k}(u^{(i)}\cdot\nabla)w^{(i)}\cdot v^{(i)}dx\Bigg\}.
\end{aligned}$$

上面的结果隐含

$$\begin{aligned}
b(u,v,w)=&\frac{1}{2}\{b_1(u,v,w)-b_1(u,w,v)\}\\
=&\frac{1}{2}\sum_{i=1}^{d_k}\Bigg\{\int_{\Omega_i^k}(u^{(i)}\cdot\nabla)v^{(i)}\cdot w^{(i)}-(u^{(i)}\cdot\nabla)w^{(i)}\cdot v^{(i)})dx\\
&-\sum_{j\in N_i}\tau_{i,j}\int_{\partial\Omega_{i,j}^k}((v^{(i)}-v^{(j)})\cdot w^{(i)})(u^{(i)}\cdot n^{(i)})d\delta\Bigg\}
\end{aligned}$$

$$=-\sum_{i=1}^{d_k}\int_{\Omega_i^k}(u^{(i)}\cdot\nabla)w^{(i)}\cdot v^{(i)}dx,$$

相似地, 可得

$$\begin{aligned}b(v,u,w)=&\frac{1}{2}\{b_1(v,u,w)-b_1(v,w,u)\}\\=&\frac{1}{2}\sum_{i=1}^{d_k}\int_{\Omega_i^k}((v^{(i)}\cdot\nabla)u^{(i)}\cdot w^{(i)}-(v^{(i)}\cdot\nabla)w^{(i)}\cdot u^{(i)})dx.\end{aligned}$$ □

由上面的准备, 给出定常 N-S 方程的变分形式: 求解 $(u,p)\in[H^2(\Omega)]^2\times H^1(\Omega)/R$, 使得满足

$$\nu a_k^{\gamma}(u,v)+(v,\nabla p)+(u,\nabla q)+b(u,u,v)=F_N(v,q),\quad (v,q)\in X, \tag{4-92}$$

其中

$$F_N(v,q)=\langle f,v\rangle-\sum_{i=1}^{d_k}\left\langle u^{(i)},\frac{\partial v^{(i)}}{\partial n}-\gamma\kappa_i^{-1}v^{(i)}\right\rangle_{\partial\Omega_i^e}. \tag{4-93}$$

相应地, 关于 N-S 方程有限元变分形式为: 求解 $(u_k,p_h)\in X_{k,h}$, 满足

$$\nu a_k^{\gamma}(u_k,v)+b(u_k,u_k,v)+(v,\nabla p_h)+(u_k,\nabla q)=F_N(v,q). \tag{4-94}$$

明显地, 有

$$|F_N(v,q)|\leqslant c_F|||(v,q)|||,\quad \forall(v,q)\in X, \tag{4-95}$$

这里正常数 c_F 依赖于 ν, γ, c_b, $\|u\|_{1,k}$ 和 $\|f\|$. □

下面给出有限元解的存在唯一性[47].

定理 4.11　假设 (u,p) 是定常 N-S 方程 (2-10) 的解, 当 h 充分小时, 满足

$$\nu c_a-c_b\|u\|_2>0, \tag{4-96}$$

则 (4-94) 存在唯一解 (u_k,p_h). 如果 $g=0$, 则存在性不需条件 (4-96).

定理 4.12　$(u,p)\in[S^{j+2}(\Omega)]^2\times H^{j+1}(\Omega)/R$ 和 $(u_k,p_h)\in X_{k,h}$ 分别是方程 (2-10) 和 (4-94) 的解. 当 (4-96) 成立, 且 h 充分小时, 对于 $2\leqslant j+2\leqslant\min\{r_1,r_2+1\}$, 有

$$\|u-u_k\|_{1,k}+\|p-p_h\|_{0,h}\leqslant Ck^{j+1}\|u\|_{j+2}+Ch^{j+1}\|p\|_{j+1}, \tag{4-97}$$

$$\|u-u_k\|_0 \leqslant Ch^{j+2}\|f\|_0, \tag{4-98}$$

这里 C 不依赖于网格尺度 k 和 h.

本节所提出的粗网格局部 L^2 投影方法主要的思想是: 对第一次有限元解用粗网格进行投影, 利用高次 "空间" 元素进行计算得到超收敛结果.

假设 τ_K, τ_H 分别为粗网格关于速度和压力正则但不需正则的网格剖分. K, H 分别为其网格尺度, 其中 K 和 H 满足 $H > K \gg h > k, K = k^{\alpha_1}, H = h^{\alpha}$, $0 < \alpha,\ \alpha_1 < 1$, 这样的关系可在实践中有好的数值结果[45]. 根据数值经验, 允许两次网格剖分不嵌套. 给定有限元空间 $X_{K,H}$ 关于速度和压力逼近分别包含分片 s 次和 t 次多项式, 详细表示为

$$V_K^s = \left\{ v \in \prod_{i=1}^{d_K}[V^s(\Omega_i^K)]^2;\ v_K|_{\Omega_i^K} \in [V^s(\Omega_i^K)]^2,\ \forall\ \Omega_i^K \in \tau_K,\ i=1,2,\cdots,d_K \right\}, \tag{4-99}$$

$$P_H^t = \{q \in C^0(\Omega);\ q|_{\Omega_\ell^H} \in J^t(\Omega_\ell^H),\ \forall\ \Omega_\ell^H \in \tau_H,\ \ell=1,2,\cdots,d_H\}. \tag{4-100}$$

有限元空间 $X_{K,H} = V_K^s \times P_H^t$ 依然满足性质 (I) 和 (II), 但不需要离散的 inf-sup 条件.

分别定义 $[L^2(\Omega)]^2$ 和 $L^2(\Omega)$ 到有限元空间 V_K^s 和 P_H^t 两种投影 Q_K 和 R_H, 满足

$$(Q_K u_k, \phi) = (u_k, \phi), \quad \forall \phi \in V_K^s, \tag{4-101}$$

$$(R_H p_h, \psi) = (p_h, \psi), \quad \forall \phi \in P_H^t. \tag{4-102}$$

特别地, 我们声明 Q_K 和 R_H 亦可看作全局算子在局部上的限制. 下面给出 $u - Q_K u_k$ 和 $p - R_H p_h$ 的超收敛分析. 首先定义空间两个正常数 $\widetilde{c}_a$, $\widetilde{c}_b$ 如下

$$\widetilde{c}_a = \inf_{0 \neq v \in V^\circ} \frac{(\nabla v, \nabla v)}{\|v\|_1^2}, \quad \widetilde{c}_b = \sup_{0 \neq u,v \in V^\circ} \frac{|b(u,v,w)|}{\|u\|_1\|v\|_1\|w\|_1}. \tag{4-103}$$

应用标准的对偶问题分析 $u - Q_K u_k$ 的 L^2 范数. 对于给定的 $\phi \in [L^2(\Omega)]^2$ 和方程 (2-10) 的解 $(u,p) \in [S^{j+2}(\Omega)]^2 \times H^{j+1}(\Omega)$, $(\Phi,\Psi) \in [H^{j+2}(\Omega)]^2 \times H^{j+1}(\Omega)$, 对所有的 $(v,q) \in E_k \times H^1(\Omega)/R$, 定义对偶问题

$$\nu a_k^\gamma(v,\Phi) + (v, \nabla\Psi) + (\Phi, \nabla q) + b(v,u,\Phi) + b(u,v,\Phi) = (Q_K\phi, v), \tag{4-104}$$

同时, 为了分析 L^2 误差 $p-R_Hp_h$, 给出相应的对偶问题: 求解 $(\omega,\lambda)\in[H^{j+2}(\Omega)]^2\times H^{j+1}(\Omega)$, 对所有的 $(v,q)\in E_k\times H^1(\Omega)/R$, 满足

$$\nu a_k^{\gamma}(v,\omega)+(v,\nabla\lambda)+(\omega,\nabla q)+b(v,u,\omega)+b(u,v,\omega)=(R_H\phi,q).\qquad(4\text{-}105)$$

对于 (4-104)~(4-105), 三线性项 $b(v,u,\Phi)$ 和 $b(u,v,\Phi)$ 由 (4-90)~(4-91) 定义.

定理 4.13 假设方程 (2-10) 的解 (u,p) 属于 $[S^{j+2}(\Omega)]^2\times H^{j+1}(\Omega)$ 且满足条件

$$\nu\widetilde{c_a}-\widetilde{c_b}\|u\|_2>0.\qquad(4\text{-}106)$$

则对偶方程 (4-104)~(4-105) 存在唯一的解 (Φ,Ψ) 和 (ω,λ), 且 (Φ,Ψ) 和 (ω,λ) 满足正则性:

$$\|\Phi\|_{j+2}+\|\Psi\|_{j+1}\leqslant C\|Q_K\phi\|_j,\qquad(4\text{-}107)$$

$$\|\omega\|_{j+2}+\|\lambda\|_{j+1}\leqslant C\|R_H\phi\|_{j+1}.\qquad(4\text{-}108)$$

证明 方程 (4-104) 解的存在唯一性和正则性已在文献 [47] 中证明. 鞍点定理确保了 (4-105) 解 (Φ,Ψ) 的存在唯一性. 事实上, 在 (4-105) 中取 $(v,q)=(\omega,-\lambda)$, 由 (4-84) 和 (4-89), 则有

$$\nu a_k^{\gamma}(\omega,\omega)+b(\omega,u,\omega)+b(u,\omega,\omega)\geqslant(\nu\widetilde{c_a}-\widetilde{c_b}\|u\|_2)\|\omega\|_k^2,\quad \omega\in[H_0^1(\Omega)]^2,\ (4\text{-}109)$$

连续性是显然的.

显然, 方程 (4-105) 的算子形式可被写为

$$-\nu\Delta\omega+\nabla\lambda=-B'(u,\omega)-B(u,\omega),\qquad(4\text{-}110)$$

$$\text{div}\omega=R_H\phi,\qquad(4\text{-}111)$$

则 $B(u,w)$ 和 $B'(u,w)$ 可由 (4-90) 和 (4-91) 给出定义

$$(B(u,w),v)=b(u,w,v),\quad \forall v\in E_k,\qquad(4\text{-}112)$$

$$(v,B'(u,w))=b(v,u,w),\quad \forall v\in E_k.\qquad(4\text{-}113)$$

最后, 由文献 [47] 的结果, 可得

$$\|\omega\|_{j+2} + \|\lambda\|_{j+1} \leqslant C\|R_H\phi\|_{j+1}. \tag{4-114}$$

□

定理 4.14 假设定理 4.13 成立, 且 $2 \leqslant j+2 \leqslant \min\{r_1, r_2+1\}$ 时, 则有

$$\|Q_K(u-u_k)\|_0 \leqslant Ch^{(2-\alpha_1)j+2}(\|u\|_{j+2} + \|p\|_{j+1}). \tag{4-115}$$

证明 从 (4-92) 减去 (4-94), 得

$$\nu a_k^\gamma(u-u_k, v) + (v, \nabla(p-p_h)) + (u-u_k, \nabla q) + b(u,u,v) - b(u_k,u_k,v) = 0. \tag{4-116}$$

在 (4-116) 中取 $(v,q) = (\Phi_k, \Psi_h)$, 且在 (4-104) 中设 $(v,q) = (u-u_k, p-p_h)$, 则有

$$\begin{aligned}(Q_K\phi, u-u_k) =& \nu a_k^\gamma(u-u_k, \Phi-\Phi_k) + (\Phi-\Phi_k, \nabla(p-p_h)) + (u-u_k, \nabla(\Psi-\Psi_h))\\ &+b(u-u_k, u, \Phi-\Phi_k) + b(u, u-u_k, \Phi-\Phi_k)\\ &-b(u-u_k, u-u_k, \Phi-\Phi_k) + b(u-u_k, u-u_k, \Phi).\end{aligned}$$

如果 $(h,k)^{j+1} = O(h^{j+1} + h^{j+1})$, 由假设 (A1) 和 (4-107) 可得

$$\begin{aligned}\|\Phi-\Phi_k\|_{1,k} + \|\Psi-\Psi_h\|_{0,h} \leqslant& C(k^{j+1}\|\Phi\|_{j+2} + h^{j+1}\|\Psi\|_{j+1})\\ \leqslant& C(h,k)^{j+1}\|Q_K\phi\|_j.\end{aligned} \tag{4-117}$$

由 (4-82)~(4-84), 得

$$\begin{aligned}&|\nu a_k^\gamma(u-u_k, \Phi-\Phi_k) + (\Phi-\Phi_k, \nabla(p-p_h)) + (u-u_k, \nabla(\Psi-\Psi_h))|\\ \leqslant& C(\|u-u_k\|_{1,k} + \|p-p_h\|_{0,h})(\|\Phi-\Phi_k\|_{1,k} + \|\Psi-\Psi_h\|_{0,h})\\ \leqslant& C(k,h)^{2(j+1)}\|Q_K\phi\|_j(\|u\|_{j+2} + \|p\|_{j+1}),\end{aligned} \tag{4-118}$$

$$\begin{aligned}&|b(u-u_k, u, \Phi-\Phi_k) + b(u, u-u_k, \Phi-\Phi_k)|\\ \leqslant& 2c_b\|u-u_k\|_{1,k}\|u\|_2\|\Phi-\Phi_k\|_{1,k}\\ \leqslant& C(k,h)^{2(j+1)}\|Q_K\phi\|_j(\|u\|_{j+2} + \|p\|_{j+1}),\end{aligned} \tag{4-119}$$

$$\begin{aligned}&|b(u-u_k, u-u_k, \Phi-\Phi_k) + b(u-u_k, u-u_k, \Phi)|\\ \leqslant& c_b\|u-u_k\|_{1,k}^2\|\Phi-\Phi_k\|_{1,k} + c_b\|u-u_k\|_{1,k}^2\|\Phi\|_2\end{aligned}$$

$$\leqslant C(k,h)^{2(j+1)}\|Q_K\phi\|_j(\|u\|_{j+2}+\|p\|_{j+1}). \tag{4-120}$$

然后, 结合 (4-116)~(4-120) 和假设 (II), 可得

$$\begin{aligned}\|(Q_K\phi,u-u_k)\|_0 &\leqslant C(k,h)^{2(j+1)}\|Q_K\phi\|_j(\|u\|_{j+2}+\|p\|_{j+1})\\ &\leqslant C(k,h)^{2(j+1)}K^{-j}\|\phi\|_0(\|u\|_{j+2}+\|p\|_{j+1})\\ &=Ch^{(2-\alpha_1)j+2}\|\phi\|_0(\|u\|_{j+2}+\|p\|_{j+1}).\end{aligned} \tag{4-121}$$

□

定理 4.15　在定理 4.14 的假设下, 有

$$\|R_H(p-p_h)\|_0\leqslant Ch^{(2-\alpha)(j+1)}(\|u\|_{j+2}+\|p\|_{j+1}). \tag{4-122}$$

证明　在 (4-116) 中取 $(v,q)=(\omega_k,\lambda_h)$ 并在 (4-105) 中设 $(v,q)=(u-u_k,p-p_h)$, 则有

$$\begin{aligned}(R_H\phi,p-p_h)=&\nu a_k^{\gamma}(u-u_k,\omega-\omega_k)+(\omega-\omega_k,\nabla(p-p_h))+(u-u_k,\nabla(\lambda-\lambda_h))\\ &+b(u-u_k,u,\omega-\omega_k)+b(u,u-u_k,\omega-\omega_k)\\ &-b(u-u_k,u-u_k,\omega-\omega_k)+b(u-u_k,u-u_k,\omega).\end{aligned} \tag{4-123}$$

应用定理 4.14 的技巧和假设 (I), (II) 和 (4-123) 得出

$$\begin{aligned}\|(R_H\phi,p-p_h)\|_0&\leqslant Ch^{2(j+1)}\|R_H\phi\|_{j+1}(\|u\|_{j+2}+\|p\|_{j+1})\\ &\leqslant Ch^{2(j+1)}H^{-j-1}\|\phi\|_0(\|u\|_{j+2}+\|p\|_{j+1})\\ &=Ch^{(2-\alpha)(j+1)}\|\phi\|_0(\|u\|_{j+2}+\|p\|_{j+1}).\end{aligned} \tag{4-124}$$

□

定理 4.16　在定理 4.14 假设下, 方程 (4-92) 的解 (u,p) 属于 $([S^{j+2}(\Omega)]^2\cap[H^{s+1}(\Omega)]^2)\times(H^{j+1}(\Omega)\cap H^{t+1}(\Omega))$, 当 $K=h^{\alpha_1}$ 时, 有

$$\|u-Q_Ku_k\|_0+h^{\frac{2(j+1)}{s+j+1}}\|\nabla_K(u-Q_Ku_k)\|_0\leqslant Ch^{\frac{2(j+1)(s+1)}{s+j+1}}(\|u\|_{r+1}+\|u\|_{j+2}+\|p\|_{j+1}), \tag{4-125}$$

这里$\alpha_1=\dfrac{2(j+1)}{s+j+1}$.

证明 由 (I) 和 (II), 有

$$
\begin{aligned}
\|u-Q_K u_k\|_0 &\leqslant \|u-Q_K u\|_0+\|Q_K(u-u_k)\|_0 \\
&\leqslant CK^{s+1}\|u\|_{s+1}+Ch^{(2-\alpha_1)j+2}(\|u\|_{j+2}+\|p\|_{j+1}) \\
&\leqslant Ck^{\alpha_1(s+1)}\|u\|_{s+1}+Ch^{(2-\alpha_1)j+2}(\|u\|_{j+2}+\|p\|_{j+1}). \quad (4\text{-}126)
\end{aligned}
$$

由定理 4.14 和 (II) 得

$$
\begin{aligned}
\|\nabla_K Q_K(u-u_k)\|_0 &\leqslant CK^{-1}\|Q_K(u-u_k)\|_0 \\
&\leqslant Ck^{-\alpha_1}(k,h)^{(2-\alpha_1)j+2}(\|u\|_{j+2}+\|p\|_{j+1}) \\
&\leqslant Ch^{(2-\alpha_1)(j+1)}(\|u\|_{j+2}+\|p\|_{j+1}), \quad (4\text{-}127)
\end{aligned}
$$

这里 ∇_K 被分片地定义在 τ_K 上. 因此, 由 Q_K 的定义和 (I) 有

$$
\begin{aligned}
\|\nabla_K u-\nabla_K Q_K u\|_0 &\leqslant \|u-Q_K u\|_{1,k}\leqslant CK^s\|u\|_{s+1} \\
&\leqslant Ck^{\alpha_1 s}\|u\|_{s+1}, \quad \forall u\in [H^{s+1}(\Omega)]^2. \quad (4\text{-}128)
\end{aligned}
$$

明显地, 由 (4-127) 和 (4-128), 有

$$
\|\nabla_K(u-Q_K u_k)\|_0\leqslant Ck^{\alpha_1 s}\|u\|_{s+1}+Ch^{(2-\alpha_1)(j+1)}(\|u\|_{j+2}+\|p\|_{j+1}), \quad (4\text{-}129)
$$

对于 $(u,p)\in([S^{j+2}(\Omega)]^2\cap[H^{s+1}(\Omega)]^2)\times(H^{j+1}(\Omega)\cap H^{t+1}(\Omega))$. 最后, 在 (4-126) 和 (4-129) 中取 α_1 满足

$$
\alpha_1=\frac{2(j+1)}{s+j+1},
$$

则有 (4-125). □

相似地, 给出 $\|p-R_H p_h\|_0$ 的分析结果.

定理 4.17 假设定理 4.14 成立, 方程 (4-92) 的解 (u,p) 属于 $([S^{j+2}(\Omega)]^2\cap[H^{s+1}(\Omega)]^2)\times(H^{j+1}(\Omega)\cap H^{t+1}(\Omega))$, 则有

$$
\|p-R_H p_h\|_0\leqslant Ch^{\frac{2(j+1)(t+1)}{t+j+2}}(\|u\|_{t+1}+\|u\|_{j+2}+\|p\|_{j+1}), \quad (4\text{-}130)
$$

这里 $\alpha=\dfrac{2(j+1)}{t+j+2}$.

证明 由假设 (I), 可得

$$\|p-R_Hp\|_0 \leqslant CH^{t+1}\|p\|_{t+1} \leqslant Ch^{\alpha(t+1)}\|p\|_{t+1}. \tag{4-131}$$

由 (4-122) 和 (4-131), 可得

$$\begin{aligned}\|p-R_Hp_h\|_0 &\leqslant \|p-R_Hp\|_0+\|R_H(p-p_h)\|_0\\ &\leqslant Ch^{\alpha(t+1)}\|p\|_{t+1}+Ch^{(2-\alpha)(j+1)}(\|u\|_{j+2}+\|p\|_{j+1}),\end{aligned} \tag{4-132}$$

如果 α 在 (4-132) 中满足

$$\alpha(j+t+2)=2(j+1),$$

则有 (4-130). □

尽管求解不可压缩 N-S 方程的有限元配对需要满足 inf-sup 条件, 定理 4.14~定理 4.15 中有限元空间 $X_K\times M_H$ 并不依赖 inf-sup 条件. 基于定理 4.14~ 定理 4.15 分析, 给出总结.

定理 4.18 在定理 4.17 假设下, 有限元空间 $(X_K, M_H)\in X_{K,H}$ 满足 $X_K\in[H^{j+2}(\Omega)]^2$ 和 $M_H\in H^{j+1}(\Omega)$, 则可得关于速度和压力超收敛结果.

证明 现在我们主要利用 (4-125) 分析 $u-Q_Ku_k$ 的 L^2 和 H^1 范数的结果.

如果 $s>j$, 关于 $u-Q_Ku_k$ 的 L^2 范数, 由于

$$\frac{1+s}{1+s+j}>\frac{1+j}{1+j+j}>\frac{j+1}{1+j+j+1},$$

有

$$\frac{2(j+1)(s+1)}{s+j+1}>j+1,$$

这些结果隐含了 $\|u-Q_Ku_k\|_0$ 的收敛阶高于优化阶 $\|u-u_h\|_0\simeq O(h^{j+1})$.

如果 $s>j$, 关于 $u-Q_Ku_k$ 的 H^1 范数, 有

$$\frac{2(j+1)}{1+s+j}>\frac{1+j+j}{1+s+j}>\frac{j}{s}.$$

即 $\dfrac{2s(j+1)}{s+j+1}>j$, 这里 $\|\nabla_K(u-Q_Ku_k)\|_{0,\Omega}$ 的阶是 $\dfrac{2s(j+1)}{s+j+1}$, j 是 $\|\nabla(u-u_h)\|_{0,\Omega}$

的优化阶. 因此, 原处理方法梯度范数取得超收敛结果.

关于压力的后处理结果, 由 (4-130), 当 $t > j-1$ 可得

$$\frac{2(j+1)(t+1)}{t+j+2} > j+1.$$

但压力的优化阶误差估计仅仅为 $O(h^j)$. 因此, 压力的后处理结果是超收敛的. □

4.3.2 说明

(a) 在定理 4.18 中, 可以得到 $\|u-Q_K u_k\|_{0,\Omega}, \|\nabla_K(u-Q_K u_k)\|_{0,\Omega}$ 和 $\|p-R_H p_h\|_{0,\Omega}$ 超收敛结果. 现分析当 s, $t\to\infty$ 时的结果

$$\|u-Q_K u_k\|_{0,\Omega}+\|\nabla_K(u-Q_K u_k)\|_{0,\Omega}\approx O(h^{2(j+1)}), \quad s\to\infty, \tag{4-133}$$

$$\|p-R_H p_h\|_{0,\Omega}\approx O(h^{2(j+1)}), \quad t\to\infty. \tag{4-134}$$

我们观察到当 $j>0$ 是超收敛的. 当 $j=0$ 时关于速度的 L^2 范数不是超收敛的. 而对于速度梯度和压力 L^2 范数, 对所有的 j 均具有超收敛的性质.

如果关于速度逼近取 $r_1=2$(分片线性元) 时, $j=0$ 速度的 L^2 范数没有超收敛性质. 而对于速度逼近取 $r_1=3$(分片二次) 时, 可得到超收敛的结果.

(b) 本节仅给出凸区域的结果. 其他区域的情况, 关于 Stokes 方程的研究见局部超收敛分析[111].

4.4 N-S 方程 Euler 时空迭代有限元方法[56,57]

本节主要讨论定常不可压缩 N-S 方程的 Euler 时空迭代方法[56,57]. 这种方法用非定常 Euler 时空迭代方法计算具有相对较大雷诺数或小黏性系数的定常 N-S 方程的解, 具有不依赖于经典的强唯一性条件的优点. 从理论上分析比较了定常不可压缩 N-S 方程 Euler 时空迭代有限元方法、简单迭代有限元方法、Oseen 迭代有限元方法和牛顿迭代有限元方法结果, 发现简单迭代有限元方法计算量最小, Oseen 迭代有限元方法次之, 牛顿迭代有限元方法计算量较大. Euler 时空迭代有限元方法由于时间推进增加了计算量, 但 Euler 时空迭代方法具有显式的三线性项和指数

阶的收敛速度. 因此, 与其他三种空间有限元方法相同的精度情况下, Euler 迭代有限元方法具有很快的收敛速度, 需要最少的 CPU 时间.

本节在介绍 Euler 时空迭代有限元方法[56] 的理论基础上, 从数值角度说明 Euler 时空迭代有限元方法的高效性[57].

4.4.1 四种迭代有限元方法比较

理论部分的结果, 主要引用文献 [56, 57], 我们给出主要的结论.

为了防止混淆, 保证本节的自封闭性, 给出定常 N-S 方程变分形式:

$$a(\overline{u},v)-d(v,\overline{p})+d(\overline{u},q)+b(\overline{u},\overline{u},v)=(f,v),\quad \forall(v,q)\in X\times M. \tag{4-135}$$

为了分析四种迭代有限元方法, 给出真解 $(\overline{u},\overline{p})$ 的假设:

弱唯一性条件: 对于 ν_0 满足 $0<\nu_0<\nu$, 有

$$a(v,v)+b(v,\overline{u},v)\geqslant \nu_0\|\nabla v\|_0^2,\quad \forall v\in X. \tag{4-136}$$

引理 4.5 如果 (A1) 和 $f\in X'$ 成立, 强唯一性条件成立, 则定常 N-S 方程的解 $(\overline{u},\overline{p})$ 满足弱唯一性条件. 如果 $\overline{u}$ 充分小, 则有

$$\|\nabla\overline{u}\|_0<\frac{\nu}{N},\quad 或\quad \|\overline{u}\|_{L^4}<2^{-4/9}\gamma_0^{1/4}\nu,\quad 或\quad \|\overline{u}\|_{L^\infty}<\frac{1}{2}\gamma_0^{1/2}\nu. \tag{4-137}$$

下面给出稳定性条件[12].

引理 4.6 假设弱唯一性条件成立, 定常 N-S 方程存在唯一解并且满足 (2-15). 如果假设 (A1) 和 $f\in Y$ 满足, 则解 $(\overline{u},\overline{p})$ 满足 (2-17).

为了分析比较四种迭代有限元方法的收敛性, 我们给出指数收敛的定义.

定义 4.2 如果存在 λ 和 κ 使得 $e=u-\overline{u}$ 满足

$$\|e(t)\|_0^2\leqslant\kappa e^{-\lambda(t-t_0)}\|e(t_0)\|_0^2,\quad \|\nabla e(t)\|_0^2\leqslant\kappa e^{-\lambda(t-t_0)}|e(t_0)|_1^2,\quad \forall t\geqslant t_0, \tag{4-138}$$

称解 $(\overline{u},\overline{p})$ 是指数稳定的.

1. 三种空间迭代有限元方法分析

对于三种空间迭代有限元方法: 简单迭代有限元方法、Oseen 迭代有限元方法和牛顿迭代有限元方法, 我们给出 (4-135) 的逼近方程: 对于 $\forall(v,q)\in X_h\times M_h$, 求

解 $(u_h, p_h) \in X_h \times M_h$ 满足

$$a(\overline{u_h}, v) - d(v, \overline{p_h}) + d(\overline{u_h}, q) + b(\overline{u_h}, \overline{u_h}, v) = (f, v). \tag{4-139}$$

参考文献 [1, 71], 可以得到优化阶误差估计:

$$\|\overline{u} - \overline{u_h}\|_0 + h(\|\overline{u} - \overline{u_h}\|_1 + \|\overline{p} - \overline{p_h}\|_0) \leqslant \kappa h^2. \tag{4-140}$$

这里给出三种空间迭代有限元方法:

算法一 简单迭代有限元方法:

$$a(u_h^n, v_h) - d(v_h, p_h^n) + d(u_h^n, q_h) + b(u_h^{n-1}, u_h^{n-1}, v_h) = (f, v_h). \tag{4-141}$$

算法二 Oseen 迭代有限元方法:

$$a(u_h^n, v_h) - d(v_h, p_h^n) + d(u_h^n, q_h) + b(u_h^{n-1}, u_h^n, v_h) = (f, v_h). \tag{4-142}$$

算法三 牛顿迭代有限元方法:

$$\begin{aligned}&a(u_h^n, v_h) - d(v_h, p_h^n) + d(u_h^n, q_h) + b(u_h^{n-1}, u_h^n, v_h) + b(u_h^n, u_h^{n-1}, v_h)\\ =& (f, v_h) + b(u_h^{n-1}, u_h^{n-1}, v_h).\end{aligned}$$

给出离散 Laplace 算子 $A_h = -P_h\Delta_h$ 定义为

$$(-\Delta_h u_h, v_h) = (\nabla u_h, \nabla v_h), \quad u_h, v_h \in X_h,$$

其中 A_h 是在 V_h 中的限制并且可逆、自共轭和正定. 为了方便, 定义

$$\|v_h\|_r = \|A_h^{r/2} v_h\|_0, \quad v_h \in V_h,$$

这个范数假设具有连续 Laplace 算子的性质, 相关的分析可参考 [57].

定理 4.19 假设 (A1) 和强唯一性

$$4\nu^{-2} N\|f\|_{-1} < 1 \tag{4-143}$$

成立, 则简单空间迭代有限元方法解 (u_h^m, p_h^m) 的稳定性条件:

$$\begin{aligned}\|u_h^m\|_1 &\leqslant \kappa_1 = 2\nu^{-1}\|f\|_{-1},\\ \|A_h u_h^m\|_0 &\leqslant \kappa_2 = 2\nu^{-1}\|f\|_0 + \nu^{-2} c_0^2 \gamma^{-1} \kappa_1^3, \quad \forall m \geqslant 0,\end{aligned} \tag{4-144}$$

且收敛性满足

$$
\begin{aligned}
&\|\overline{u}-u_h^m\|_0 \leqslant \kappa h^2+\kappa\min\left\{\|u_h^m-u_h^{m-1}\|_0,\left(\frac{3N\|f\|_{-1}}{\nu^2}\right)^{m+1}\right\},\\
&\|\nabla(\overline{u}-u_h^m)\|_0 \leqslant \kappa h+\kappa\min\left\{\|u_h^m-u_h^{m-1}\|_0,\left(\frac{3N\|f\|_{-1}}{\nu^2}\right)^{m+1}\right\},\\
&\|\overline{p}-p_h^m\|_0 \leqslant \kappa h+\kappa\min\left\{\|u_h^m-u_h^{m-1}\|_0,\left(\frac{3N\|f\|_{-1}}{\nu^2}\right)^{m+1}\right\},\quad m>1.
\end{aligned}
\tag{4-145}
$$

定理 4.20 假设 (A1) 和强唯一性

$$
\nu^{-2}N\|f\|_{-1}<1 \tag{4-146}
$$

成立, 则 Oseen 空间迭代方法解满足 (u_h^m,p_h^m) 稳定性条件

$$
\|u_h^m\|_1\leqslant\kappa_1=\nu^{-1}\|f\|_{-1},\quad \|A_hu_h^m\|_0\leqslant\kappa_2=2\nu^{-1}\|f\|_0+\nu^{-2}c_0^2\gamma^{-1}\kappa_1^3,\quad \forall m\geqslant 0. \tag{4-147}
$$

且收敛性满足

$$
\begin{aligned}
&\|\overline{u}-u_h^m\|_0 \leqslant \kappa h^2+\kappa\min\left\{\|u_h^m-u_h^{m-1}\|_0,\left(\frac{N\|f\|_{-1}}{\nu^2}\right)^{m+1}\right\},\\
&\|\nabla(\overline{u}-u_h^m)\|_0 \leqslant \kappa h+\kappa\min\left\{\|u_h^m-u_h^{m-1}\|_0,\left(\frac{N\|f\|_{-1}}{\nu^2}\right)^{m+1}\right\},\\
&\|\overline{p}-p_h^m\|_0 \leqslant \kappa h+\kappa\min\left\{\|u_h^m-u_h^{m-1}\|_0,\left(\frac{N\|f\|_{-1}}{\nu^2}\right)^{m+1}\right\},\quad m>1.
\end{aligned}
\tag{4-148}
$$

定理 4.21 假设 (A1) 和强唯一性

$$
\frac{25N}{3\nu^2}\|f\|_{-1}<1 \tag{4-149}
$$

成立, 则空间牛顿迭代有限元方法的解 (u_h^m,p_h^m) 满足稳定性结果

$$
\|u_h^m\|_1\leqslant\kappa_1=\frac{5}{3\nu}\|f\|_{-1},\quad \|A_hu_h^m\|_0\leqslant\kappa_2=2\nu^{-1}\|f\|_0+4\nu^{-2}c_0^2\gamma^{-1}\kappa_1^3,\quad \forall m\geqslant 0, \tag{4-150}
$$

且收敛性满足

$$\|\overline{u}-u_h^m\|_0 \leqslant \kappa h^2+\kappa\min\left\{|\log h|^{1/2}\|\nabla(u_h^m-u_h^{m-1})\|_0\|u_h^m\right.$$
$$\left.-u_h^{m-1}\|_0,\left(\frac{5}{4}\frac{N\|f\|_{-1}}{\nu^2}\right)^{2^m}\right\},$$
$$\|\nabla(\overline{u}-u_h^m)\|_0 \leqslant \kappa h+\kappa\min\left\{|\log h|^{1/2}\|\nabla(u_h^m-u_h^{m-1})\|_0\|u_h^m\right.$$
$$\left.-u_h^{m-1}\|_0,\left(\frac{5}{4}\frac{N\|f\|_{-1}}{\nu^2}\right)^{2^m}\right\},$$
$$\|\overline{p}-p_h^m\|_0 \leqslant \kappa h+\kappa\min\left\{|\log h|^{1/2}\|\nabla(u_h^m-u_h^{m-1})\|_0\|u_h^m\right.$$
$$\left.-u_h^{m-1}\|_0,\left(\frac{5}{4}\frac{N\|f\|_{-1}}{\nu^2}\right)^{2^m}\right\},\quad m>1. \tag{4-151}$$

2. Euler 时空迭代有限元方法分析

考虑 Euler 时空迭代有限元格式

$$(d_t u_h^n, v_h)+a(u_h^n,v_h)-d(v_h,p_h^n)+d(u_h^n,q_h)+b(u_h^{n-1},u_h^{n-1},v_h)=(f,v_h), \tag{4-152}$$

这里, $d_t u_h^n=\tau^{-1}(u_h^n-u_h^{n-1})$, 其中 τ 表示时间步长. 从代数角度, 时间项给予由小黏性组成的分块矩阵部分的补偿. 从原来的矩阵形式

$$\begin{pmatrix} A & B \\ -B^{\mathrm{T}} & 0 \end{pmatrix}$$

变为

$$\begin{pmatrix} \mathcal{A} & B \\ -B^{\mathrm{T}} & 0 \end{pmatrix},$$

这里分块矩阵

$$A=\nu(a_{ij}),\quad a_{ij}=(\nabla\phi_i,\nabla\phi_j),\quad B=-(\mathrm{div}\psi_i,\phi_j),$$

$$\mathcal{A}=\nu(\overline{a}_{ij}),\quad \overline{a}_{ij}=\nu^{-1}(\phi_i,\phi_j)+\nu(\nabla\phi_i,\nabla\phi_j),$$

这里 ϕ_i 和 ψ_i 分别表示关于速度和压力的基函数. 特别地, 定义 $n=0$ 时的方程为

$$(d_t u_h^0, v_h)+a(u_h^0,v_h)-d(v_h,p_h^0)+d(u_h^0,q_h)+b(u_h^0,u_h^0,v_h)=(f,v_h), \tag{4-153}$$

这里

$$d_t u_h^0 = \lim_{t\to 0} u_{ht}(t), \quad p_h^0 = \lim_{t\to 0} p_h(t).$$

现讨论关于 Euler 时空迭代格式的稳定性[56].

定理 4.22　如果假设 (A1) ~ (A3) 和弱唯一性条件成立, 对于时间步长 τ 满足

$$8\nu^{-1}c_0^2\gamma^{-\frac{1}{2}}\kappa_2\tau \leqslant 1, \tag{4-154}$$

则有

$$\begin{aligned}
&\|u_h^m\|_0^2 + \tau\sum_{n=1}^m \|u_h^n\|_1^2 \leqslant \kappa_0,\\
&\|u_h^m\|_1^2 + \tau\sum_{n=1}^m (\|A_h u_h^n\|_0^2 + \|d_t u_h^n\|_0^2) \leqslant \kappa_1,\\
&\|d_t u_h^m\|_0^2 + \|A_h u_h^m\|_0^2 + \|p_h^m\|_0^2 \leqslant \kappa_2.
\end{aligned} \tag{4-155}$$

基于稳定性分析, 给出关于 Euler 时空简单迭代方法的收敛性分析[56].

定理 4.23　在定理 4.22 的假设下, 有

$$\begin{aligned}
&\|u - u_h^m\|_0 \leqslant \kappa[\tau + h^2 + (1+\lambda\tau)^{-m/2}],\\
&\|u - u_h^m\|_1 \leqslant \kappa[\tau + h + (1+\lambda\tau)^{-m/2}],\\
&\sigma(t_m)^{1/2}\|p - p_h^m\|_0 \leqslant c[\tau + h + (1+\lambda\tau)^{-m/2}],
\end{aligned} \tag{4-156}$$

其中 $\sigma(t_m) = \min\{1, t_m\}$.

4.4.2 四种迭代有限元方法数值比较

本节主要讨论简单迭代有限元方法、Oseen 迭代有限元方法、牛顿迭代有限元方法和 Euler 时空迭代有限元方法的数值表现, 主要目的是通过三种迭代有限元方法同 Euler 时空迭代有限元方法求解定常 N-S 方程比较得出最佳的方法.

众所周知, 关于定常 N-S 方程的求解离不开迭代方法. 在实践中, 经常用 Stokes 方程的解作为初值, 经验表明这样的初值往往使得收敛速度更快. 直到相邻两次迭代解的误差达到某个预先设定的标准时, 迭代停止.

这里讨论有限元子空间 $(X_h, M_h) \subset (X, M)$ 基于正则的三角剖分, 我们使用稳定的有限元配对 P_1b-P_1 求解定常 N-S 方程. 在数值试验中, 真解为

$$p(x) = 10(2x_1 - 1)(2x_2 - 1),$$

$$u_1(x) = 10x_1^2(x_1-1)^2x_2(x_2-1)(2x_2-1), \quad u_2(x) = -10x_1(x_1-1)(2x_1-1)x_2^2(x_2-1)^2.$$

按照上述定理的结论, 在数值试验当中, 对空间迭代算法一和算法二及 Euler 时空迭代方法使用相邻迭代解的 L^2 范数 (停机标准为 Exp $= 10^{-6}$). 对于牛顿空间迭代有限元方法, 我们使用相邻迭代解的 L^2 范数和梯度范数的乘积. 注意到 (4-156) 中, 时间步长和空间步长的联系 $\tau < h^2$ 选取使得速度和压力的收敛阶由空间尺度 h 来主导.

对于三种空间迭代有限元方法, 表 4-12 至表 4-15 提供了定常 N-S 方程的相对误差. 同时, 时空迭代方法的结果在表 4-15 中给出. 很明显, 数值结果很好地吻合了理论结果.

表 4-12　关于定常 N-S 方程简单迭代有限元方法 (Exp = 10^{-6}, $\nu = 1$)

$1/h$	CPU/s	$\dfrac{\Vert\overline{u} - u_h^m\Vert_0}{\Vert\overline{u}\Vert_0}$	$\dfrac{\Vert\nabla(\overline{u} - u_h^m)\Vert_0}{\Vert\nabla\overline{u}\Vert_0}$	$\dfrac{\Vert\overline{p} - p_h^m\Vert_0}{\Vert\overline{p}\Vert_0}$	u_{L2}	u_{H1}	p_{L2}
9	0.532	0.0911788	0.308623	0.0170343			
18	1.578	0.0226916	0.148982	0.00539296	2.01	1.05	1.66
27	3.312	0.0100185	0.0983477	0.00282464	2.02	1.02	1.59
36	5.86	0.00561434	0.0734407	0.00184816	2.01	1.02	1.47
45	9.282	0.00358633	0.0586114	0.00137595	2.01	1.01	1.32
54	13.453	0.00248939	0.0487691	0.00111666	2.00	1.01	1.15

表 4-13　关于定常 N-S 方程 Oseen 迭代有限元方法 (Exp = 10^{-6}, $\nu = 1$)

$1/h$	CPU/s	$\dfrac{\Vert\overline{u} - u_h^m\Vert_0}{\Vert\overline{u}\Vert_0}$	$\dfrac{\Vert\nabla(\overline{u} - u_h^m)\Vert_0}{\Vert\nabla\overline{u}\Vert_0}$	$\dfrac{\Vert\overline{p} - p_h^m\Vert_0}{\Vert\overline{p}\Vert_0}$	u_{L2}	u_{H1}	p_{L2}
9	0.536	0.0911719	0.308602	0.0170286			
18	1.64	0.0226905	0.148979	0.00535763	2.01	1.05	1.67
27	3.546	0.0100168	0.0983458	0.00275325	2.02	1.02	1.64
36	6.281	0.00561138	0.073439	0.00173579	2.01	1.02	1.60
45	10.25	0.00358166	0.0586097	0.00122014	2.01	1.01	1.58
54	14.563	0.00248262	0.0487671	0.000917385	2.01	1.01	1.56

表 4-14　关于定常 N-S 方程牛顿迭代有限元方法 (Exp $= 10^{-6}$, $\nu = 1$)

$1/h$	CPU/s	$\frac{\|\overline{u}-u_h^m\|_0}{\|\overline{u}\|_0}$	$\frac{\|\nabla(\overline{u}-u_h^m)\|_0}{\|\nabla\overline{u}\|_0}$	$\frac{\|\overline{p}-p_h^m\|_0}{\|\overline{p}\|_0}$	u_{L2}	u_{H1}	p_{L2}
9	0.422	0.0911717	0.308602	0.0170281			
18	1.281	0.0226904	0.148979	0.00535751	2.01	1.05	1.67
27	2.875	0.0100168	0.0983458	0.0027532	2.02	1.02	1.64
36	5.063	0.00561132	0.073439	0.00173576	2.01	1.02	1.60
45	8.125	0.00358159	0.0586097	0.00122012	2.01	1.01	1.58
54	11.672	0.00248252	0.0487671	0.000917369	2.01	1.01	1.56

表 4-15　关于定常 N-S 方程 Euler 时空迭代有限元方法

(Exp $= 10^{-6}$, $\tau = 10^{-4}(< h^2)$)

$1/h$	CPU/s	$\frac{\|\overline{u}-u_h^m\|_0}{\|\overline{u}\|_0}$	$\frac{\|\nabla(\overline{u}-u_h^m)\|_0}{\|\nabla\overline{u}\|_0}$	$\frac{\|\overline{p}-p_h^m\|_0}{\|\overline{p}\|_0}$	u_{L2}	u_{H1}	p_{L2}
9	0.312	0.0911755	0.308616	0.0170342			
18	1.157	0.0226909	0.148981	0.00539213	2.01	1.05	1.66
27	2.375	0.0100173	0.098347	0.00282296	2.02	1.02	1.60
36	4.172	0.00561216	0.0734398	0.00184554	2.01	1.02	1.48
45	6.61	0.00358289	0.0586103	0.00137237	2.01	1.01	1.33
54	9.515	0.0024844	0.0487677	0.00111222	2.01	1.01	1.15

由表 4-12 至表 4-15 的结果, 我们发现: 相对于三种空间迭代有限元方法, Euler 时空迭代有限元方法在保持精度的情况下, 由于此方法在理论上是指数收敛, 节省了大量的时间. 从更精细的观察可以发现: Oseen 迭代有限元方法和牛顿迭代有限元方法的精度比其他的方法更好一些. 特别地, 对于牛顿迭代有限元来说, 由于它具有二阶的收敛速度, 尽管计算量较大但收敛速度比简单迭代有限元方法和 Oseen 迭代有限元方法要快. 因此, 从精度和收敛速度角度, 牛顿迭代有限元方法是三种空间迭代有限元方法中快速高效方法.

通常情况下, 即使修改方程, 也不能从理论上得到 N-S 方程的真解. 这里, 我们绕过方程真解设计一种方法: 首先, 用 Taylor-Hood 元 [94] 在较细网格上求解定常 N-S 方程. 我们知道 Taylor-Hood 元具有超收敛的结果, 把这样计算的有限元解作为假定的真解. 其次, 构造一系列的网格, 然后用稳定的 P_1b-P_1 求解定常 N-S 方程. 在每一个网格下, 比较假定真解和用稳定的 P_1b-P_1 求解定常 N-S 方程的有限元解得到它们的绝对误差. 最后, 用绝对误差和网格之间的收敛关系给出误差常数. 挑选出这些网格中关于速度的 L^2 和 H^1 范数与压力的 L^2 范数最大的常数就是我们所要的误差常数 (依赖于 (ν,Ω,f)). 表 4-16 提供了关于速度和压力的误差常数. 明显地, 这些方法的有效性信息可由误差常数体现.

表 4-16 关于误差常数的最大值 ($\nu = 1$)

类型	$\max\left\{\frac{\Vert\overline{u}-u_h^m\Vert_0}{h^2}\right\}$	$\max\left\{\frac{\Vert\nabla(\overline{u}-u_h^m)\Vert_0}{h}\right\}$	$\max\left\{\frac{\Vert\overline{p}-p_h^m\Vert_0}{h}\right\}$
简单迭代方法	0.143329	0.545469	0.257336
Oseen 迭代方法	0.143326	0.545453	0.258344
牛顿迭代方法	0.143326	0.545454	0.258342
Euler 时空迭代方法	0.143598	0.545469	0.257324

接下来, 我们在表 4-17~表 4-20 中给出了相同网格 $h = 1/60$ 和不同黏性系数情况下的误差估计. 一个有趣的现象是, 在不同的黏性系数变化过程中, Euler 时空迭代方法的误差并没有很大的波动, 而且所需要的计算时间也没有太大的浮动, 但是对于其他三种空间迭代有限元方法所需要的计算时间越来越多.

表 4-17 关于四种迭代有限元方法之结果 ($h = 1/60, v = 1$)

类型	CPU/s	$\frac{\Vert\overline{u}-u_h^m\Vert_0}{\Vert\overline{u}\Vert_0}$	$\frac{\Vert\nabla(\overline{u}-u_h^m)\Vert_0}{\Vert\nabla\overline{u}\Vert_0}$	$\frac{\Vert\overline{p}-p_h^m\Vert_0}{\Vert\overline{p}\Vert_0}$
简单迭代方法	13.828	0.00201111	0.0438587	0.000841137
Oseen 迭代方法	14.578	0.00201112	0.0438586	0.000841215
牛顿迭代方法	12.437	0.00201112	0.0438586	0.000841215
Euler 时空迭代方法	10.219	0.00200901	0.0438582	0.00083828

表 4-18 关于简单迭代有限元方法之结果 ($h = 1/60$)

Ru	CPU/s	$\frac{\Vert\overline{u}-u_h^m\Vert_0}{\Vert\overline{u}\Vert_0}$	$\frac{\Vert\nabla(\overline{u}-u_h^m)\Vert_0}{\Vert\nabla\overline{u}\Vert_0}$	$\frac{\Vert\overline{p}-p_h^m\Vert_0}{\Vert\overline{p}\Vert_0}$
1	14	0.00201111	0.0438587	0.000841137
0.1	14.468	0.00223576	0.0484175	0.000391204
0.01	26.593	0.00991297	0.210712	0.000383839
0.005	47.828	0.0189471	0.414386	0.00038321

表 4-19　关于牛顿迭代有限元方法之结果 ($h = 1/60$)

Ru	CPU/s	$\frac{\\|\bar{u}-u_h^m\\|_0}{\\|\bar{u}\\|_0}$	$\frac{\\|\nabla(\bar{u}-u_h^m)\\|_0}{\\|\nabla\bar{u}\\|_0}$	$\frac{\\|\bar{p}-p_h^m\\|_0}{\\|\bar{p}\\|_0}$
1	12.797	0.00201112	0.0438586	0.000841215
0.1	13.125	0.00223528	0.0484087	0.000391364
0.01	19.156	0.0099036	0.21051	0.000384027
0.005	20.593	0.0189268	0.413976	0.000383471

表 4-20　关于 Oseen 迭代有限元方法之结果 ($h = 1/60$)

Ru	CPU/s	$\frac{\\|\bar{u}-u_h^m\\|_0}{\\|\bar{u}\\|_0}$	$\frac{\\|\nabla(\bar{u}-u_h^m)\\|_0}{\\|\nabla\bar{u}\\|_0}$	$\frac{\\|\bar{p}-p_h^m\\|_0}{\\|\bar{p}\\|_0}$
1	14.281	0.00201112	0.0438586	0.000841215
0.1	14.609	0.00223528	0.0484087	0.000391364
0.01	20.203	0.00990356	0.21051	0.000384027
0.005	23.391	0.0189268	0.413976	0.000383471

表 4-21　关于 Euler 迭代有限元方法之结果 ($h = 1/60$)

Ru	CPU/s	$\frac{\\|\bar{u}-u_h^m\\|_0}{\\|\bar{u}\\|_0}$	$\frac{\\|\nabla(\bar{u}-u_h^m)\\|_0}{\\|\nabla\bar{u}\\|_0}$	$\frac{\\|\bar{p}-p_h^m\\|_0}{\\|\bar{p}\\|_0}$
1	9.600	0.00200901	0.0438582	0.00083828
0.1	9.641	0.00203709	0.0483687	0.000384438
0.01	9.688	0.00393466	0.209565	0.000376932
0.005	10.109	0.00705775	0.412189	0.000376848

为了比较黏性和雷诺数变化的情况下四种迭代有限元方法的数值表现, 考虑利用四种迭代有限元方法求解方腔问题. 黏性变化的范围从 10^{-7} 到 1. 下面是三种迭代有限元方法和 Euler 时空迭代有限元方法在可容许的情况下压力等高线和速度的矢量场. 正如理论所期望, 如图 4-1~ 图 4-4 所示，我们可以观察到 Euler 时空迭代有限元方法可以计算相对较大雷诺数定常 N-S 方程问题. 具体地, 简单迭代有限元方法在 $\nu = 10^{-2}$ 时不能计算; Oseen 迭代有限元方法和牛顿迭代有限元方法分别在 $\nu = 10^{-3}$ 和 $\nu = 10^{-7}$ 时不能计算. 但是 Euler 时空迭代有限元方法当 $\nu = 10^{-7}$ 时仍可以计算. 因此, Euler 时空迭代方法可以解决相对较小黏性或较大雷诺数不可压缩 N-S 问题.

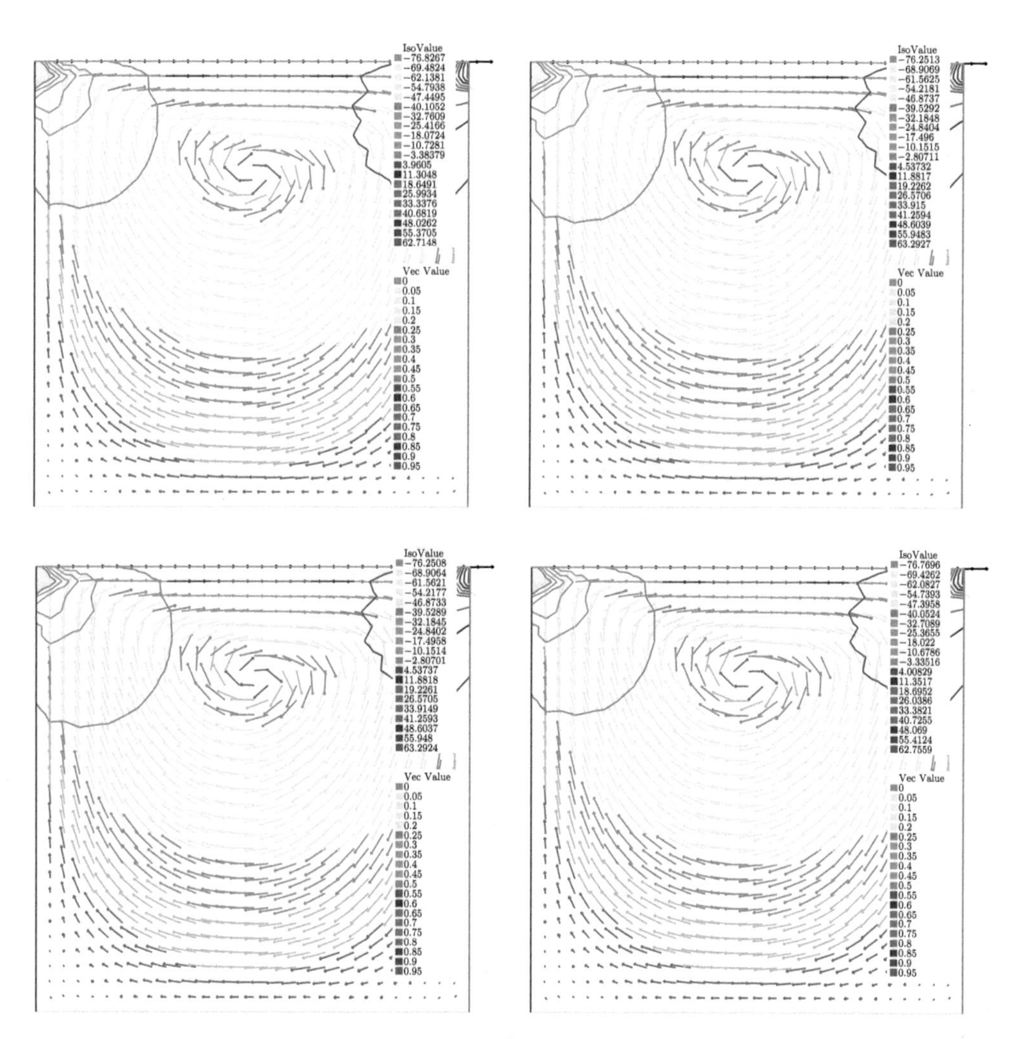

图 4-1 四种迭代方法关于速度矢量场和压力等高线 $\nu = 1$ 与 $h = 1/30$

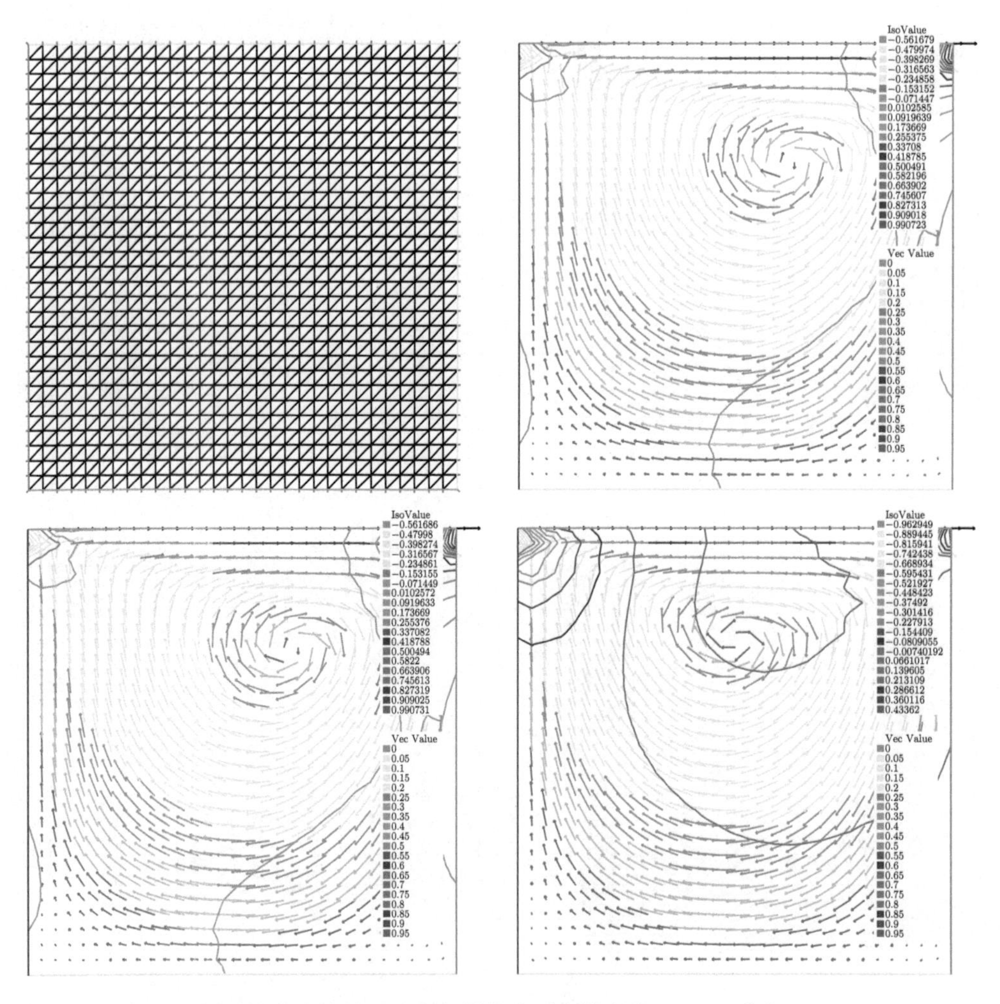

图 4-2　四种迭代方法关于速度矢量场和压力等高线 $\nu = 10^{-2}$ 与 $h = 1/30$

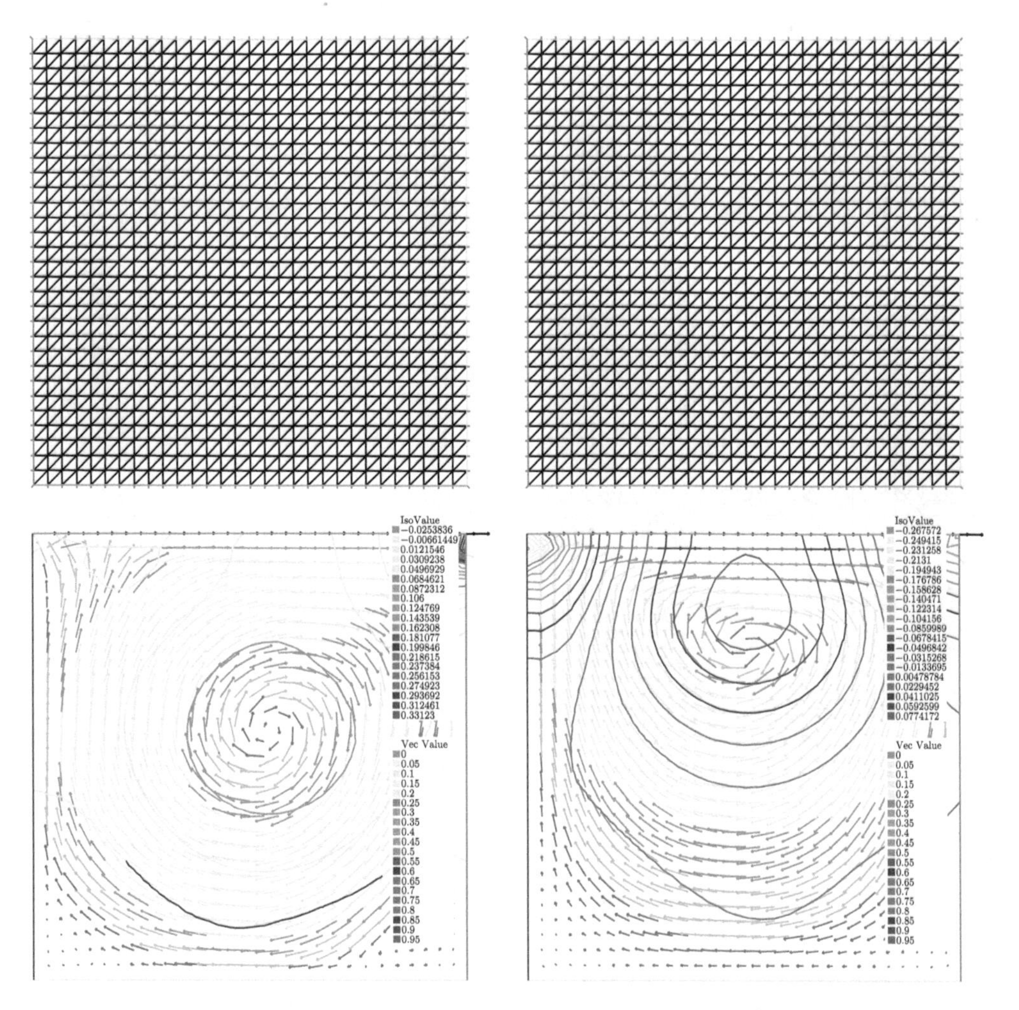

图 4-3 四种迭代方法关于速度矢量场和压力等高线 $\nu = 10^{-3}$ 与 $h = 1/30$

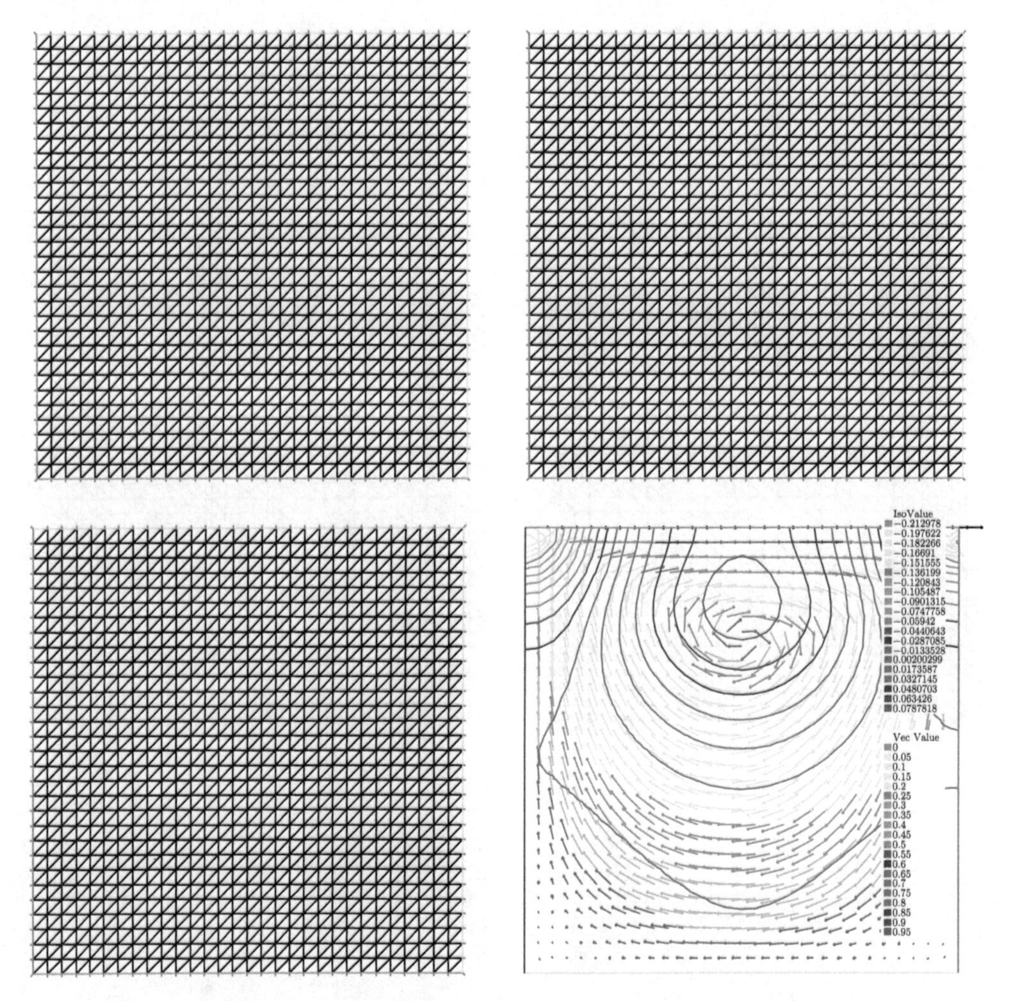

图 4-4　四种迭代方法关于速度矢量场和压力等高线 $\nu = 10^{-7}$ 与 $h = 1/30$

总之, 数值试验表明: Euler 时空迭代有限元方法在四种方法之中是解决具有较大雷诺数定常 N-S 方程的一种有效方法.

第 5 章　非定常不可压缩 N-S 方程离散方法

本章介绍非定常不可压缩 N-S 方程的一些高效方法. 主要讨论非定常 N-S 方程新稳定化方法空间离散和时间两阶精度的Crank-Nicolson/Admas-Bashforth方法.

第 3 章介绍了不可压缩流问题的局部高斯积分稳定化方法, 本章把这种方法推广到非定常 N-S 方程. A.T. Hill 和 E. Süli 在文献 [74] 中利用满足 inf-sup 条件的有限元配对求解 N-S 方程, 得出了优化阶理论分析; 随后, 何银年教授、林延平教授和孙伟伟教授 [75] 对非定常 N-S 方程稳定有限元方法关于初值满足条件 H^1 的问题进行了相应的理论分析. 本章主要应用新稳定化方法, 利用低次等阶有限元在光滑初值 H^2 情况下, 给出非定常 N-S 方程优化阶的误差分析, 同时与以往的稳定化方法比较得出相应的数值模拟. 进一步, 我们得到相关二维与三维有限体积方法的系列结果.

本章介绍非定常不可压缩 N-S 方程 Crank-Nicolson/Admas- Bashforth 算法: 并发现并证明此方法可保证几乎无条件稳定和二阶时间精度, 并给出了相应的数值算例. 结果表明 Crank-Nicolson/Admas-Bashforth 方法几乎与全隐格式有相似的稳定性, 与 Crank-Nicolson 外推格式有相同的收敛结果, 但此方法只需要三层时间推进求解 Stokes 方程.

本章分为两节: 5.1 节主要讨论非定常 N-S 方程新的稳定化方法; 5.2 节讨论非定常 N-S 方程 Crank-Nicolson/Admas-Bashforth 方法.

5.1　新稳定化空间离散方法[13]

5.1.1　误差分析

本节主要对非定常 N-S 方程新的稳定化方法进行理论和数值分析.

基于第 3 章关于局部高斯积分稳定化方法的讨论, 我们给出非定常 N-S 方程

变分形式 (2-22) 的逼近形式: 求解 $(u_h, p_h) \in X_h \times M_h$, $t \in [0,T]$ 使得对于任意的 $(v_h, q_h) \in X_h \times M_h$ 满足

$$(u_{ht}, v_h) + \mathcal{B}_h((u_h, p_h); (v_h, q_h)) + b(u_h, u_h, v_h) = (f, v_h),$$
$$u_h(0) = u_{0h}. \tag{5-1}$$

假设 $u_0 \in D(A)$, $p_0 \in H^1(\Omega) \cap M$[13]. 为了下面分析方便, 定义 $(u_{0h}, p_{0h}) = (R_h(u_0, p_0), Q_h(u_0, p_0))$.

引理 5.1　假设 (H1) $\sim$ (H3) 成立, 对于 $t \in [0,T]$, 有

$$\|u_h(t)\|_0^2 + \int_0^t \left(\nu\|u_h\|_1^2 + G(p_h, p_h)\right) ds \leqslant C,$$
$$\nu\|u_h(t)\|_1^2 + G(p_h(t), p_h(t)) + \int_0^t \|u_{ht}\|_0^2 ds \leqslant C,$$
$$\|u(t) - u_h(t)\|_0^2 + \int_0^t \left(\nu\|u - u_h\|_1^2 + G(p - p_h, p - p_h)\right) ds \leqslant Ch^2. \tag{5-2}$$

证明　在 (5-1) 中取 $(v_h, q_h) = 2(u_h, p_h)$, 由 $\mathcal{B}_h(\cdot;\cdot)$ 的定义和 (2-12), 有

$$\frac{d}{dt}\|u_h\|_0^2 + 2\nu\|u_h\|_1^2 + 2G(p_h, p_h) \leqslant \nu\|u_h\|_1^2 + \nu^{-1}\gamma^2\|f\|_0^2. \tag{5-3}$$

对上式从 0 到 t 积分并注意到

$$\|u_h(0)\|_0 \leqslant \|u_0\|_0 + \|u_0 - R_h(u_0, p_0)\|_0 \leqslant C(\|u_0\|_1 + \|p_0\|_0),$$

由此可以得到 (5-2) 第一个不等式.

从 (2-22) 减去 (5-1) 并取 $(v_h, q_h) = (v_h, q_h)$ 得

$$(u_t - u_{ht}, v_h) + \mathcal{B}_h((u - u_h, p - p_h); (v_h, q_h)) + b(E + e_h, u, v_h) + b(u_h, E + e_h, v_h)$$
$$= G(p, q_h), \quad \forall (v_h, q_h) \in X_h \times M_h, \tag{5-4}$$

这里 $(e_h, \eta_h) = (R_h(u,p) - u_h, Q_h(u,p) - p_h)$ 和 $E = u - R_h(u,p)$. 在 (5-4) 中取 $(v_h, q_h) = 2(e_h, \eta_h)$, 由 (2-12) 第一式得

$$\frac{d}{dt}\|u - u_h\|_0^2 + 2\nu\|e_h\|_1^2 + 2G(\eta_h, \eta_h) + 2b(E + e_h, u, e_h) + 2b(u_h, E, e_h)$$
$$= 2(u_t - u_{ht}, E). \tag{5-5}$$

用三线性项性质和 Young 不等式, 则有

$$
\begin{aligned}
&|b(E,u,e_h)| \leqslant C\|E\|_1\|u\|_1\|e_h\|_1 \leqslant \frac{\nu}{8}\|e_h\|_1^2 + C\|E\|_1^2\|u\|_1^2,\\
&|b(e_h,u,e_h)| \leqslant C\left\{\|e_h\|_0\|e_h\|_1\|u\|_1 + \|e_h\|_0^{1/2}\|e_h\|_1^{3/2}\|u\|_0^{1/2}\|u\|_1^{1/2}\right\}\\
&\qquad\qquad\quad \leqslant \frac{\nu}{8}\|e_h\|_1^2 + C(1+\|u\|_0^2)\|u\|_1^2\|e_h\|_0^2,\\
&|b(u_h,E,e_h)| \leqslant C\|u_h\|_1\|E\|_1\|e_h\|_1 \leqslant \frac{\nu}{8}\|e_h\|_1^2 + c\|u_h\|_1^2\|E\|_1^2,\\
&|(u_t-u_{ht},E)| \leqslant C\|E\|_0\|u_t-u_{ht}\|_0,\\
&\|e_h\|_0 \leqslant \|u-u_h\|_0 + \|E\|_1.
\end{aligned} \tag{5-6}
$$

结合不等式 (5-6) 和 (5-5) 可得

$$
\begin{aligned}
&\frac{d}{dt}\|u-u_h\|_0^2 + \nu\|e_h\|_1^2 + G(\eta_h,\eta_h) \leqslant C(1+\|u\|_0^2)\|u\|_1^2\|u-u_h\|_0^2\\
&+C\left(\|u_h\|_1^2+\|u\|_1^2+(1+\|u\|_0^2)\|u\|_1^2\right)\|E\|_1^2 + C\|E\|_0\|u_t-u_{ht}\|_0.
\end{aligned} \tag{5-7}
$$

然后对上式从 0 到 t 积分, 且注意到

$$
\|u_0-R_h(u_0,p_0)\|_0 \leqslant Ch^2(\|u_0\|_2+\|p_0\|_1), \quad \|E\|_0 + h\|E\|_1 \leqslant Ch^2(\|u\|_2+\|p\|_1),
$$

则由 Schwarz 不等式, (5-2) 第一个不等式和定理 2.4 可得

$$
\begin{aligned}
&\|u(t)-u_h(t)\|_0^2 + \int_0^t \left(\nu\|e_h\|_1^2 + G(\eta_h,\eta_h)\right) ds\\
\leqslant &Ch^4 + C\int_0^t \|u-u_h\|_0^2 ds + Ch^2\left(\int_0^t (\|u_t\|_0^2+\|u_{ht}\|_0^2) ds\right)^{1/2}\\
&+Ch^2\int_0^t \left(\|u_h\|_1^2+\|u\|_1^2+(1+\|u\|_0^2)\|u\|_1^2\right) ds\Big\}\\
\leqslant &Ch^2\left(1+\int_0^t \|u_{ht}\|_0^2 ds\right)^{1/2} + C\int_0^t \|u-u_h\|_0^2 ds.
\end{aligned} \tag{5-8}
$$

再应用 Gronwall 引理 2.3 可得

$$
\|u(t)-u_h(t)\|_0^2 + \int_0^t \left(\nu\|e_h\|_1^2 + G(\eta_h,\eta_h)\right) ds \leqslant Ch^2\left\{1+\left(\int_0^t \|u_{ht}\|_0^2 ds\right)^{1/2}\right\}, \tag{5-9}
$$

由 (5-9) 和引理 4.1 及定理 2.4, 有

$$
\|u(t)-u_h(t)\|_0^2 + \int_0^t \left(\nu\|u-u_h\|_1^2 + G(p-p_h,p-p_h)\right) ds
$$

$$\leqslant Ch^2 \left\{ 1 + \left(\int_0^t \|u_{ht}\|_0^2 ds \right)^{1/2} \right\}. \tag{5-10}$$

为了估计 $\int_0^t \|u_{ht}\|_0^2 ds$, 对 $d(u_h, q_h) + G(p_h, q_h)$ 关于时间 t 求导并取 $(v_h, q_h) = (u_{ht}, p_h)$, 则有

$$\|u_{ht}\|_0^2 + \frac{1}{2}\frac{d}{dt}\left(\nu\|u_h\|_1^2 + G(p_h, p_h)\right) + b(u_h, u, u_{ht}) - b(u_h, u - u_h, u_{ht}) = (f, u_{ht}). \tag{5-11}$$

由 (2-12) 和逆不等式 (A2) 和 (2-3) 可得

$$\begin{aligned}
&|b(u_h, u, u_{ht})| \\
\leqslant & C\|u_h\|_1\|u\|_2\|u_{ht}\|_0 \leqslant \frac{1}{8}\|u_{ht}\|_0^2 + C\|u\|_2^2\|u_h\|_1^2, \\
&|b(u_h, u - u_h, u_{ht})| \\
\leqslant & C\Big\{ \|u_h\|_1^{1/2}\|u_h\|_0^{1/2}\|u_{ht}\|_1^{1/2}\|u_{ht}\|_0^{1/2}\|u - u_h\|_1 \\
& + \|u_h\|_1^{1/2}\|u_h\|_0^{1/2}\|u - u_h\|_1^{1/2}\|u - u_h\|_0^{1/2}\|u_{ht}\|_1 \Big\} \\
\leqslant & \frac{1}{8}\|u_{ht}\|_0^2 + Ch^{-2}\left(\|u_h\|_0^2\|u - u_h\|_1^2 + \|u_h\|_1^2\|u - u_h\|_1\right).
\end{aligned} \tag{5-12}$$

由 (5-11) 和 (5-12), 可得

$$\begin{aligned}
&\|u_{ht}\|_0^2 + \frac{d}{dt}\left(\nu\|u_h\|_1^2 + G(p_h, p_h)\right) \\
\leqslant & C\|u\|_2^2\|u_h\|_1^2 + Ch^{-2}\left(\|u_h\|_0^2\|u - u_h\|_1^2 + \|u_h\|_1^2\|u - u_h\|_1\right).
\end{aligned} \tag{5-13}$$

对上式关于时间从 0 到 t 进行积分, 利用施瓦兹不等式并注意到

$$\nu\|u_{0h}\|_1^2 + G(p_{0h}, p_{0h}) \leqslant C(\|u_{0h}\|_1^2 + \|p_{0h}\|_0^2) \leqslant C(\|u_0\|_1^2 + \|p_0\|_0^2), \tag{5-14}$$

则有

$$\begin{aligned}
&\int_0^t \|u_{ht}\|_0^2 ds + \nu\|u_h(t)\|_1^2 + G(p_h(t), p_h(t)) \\
\leqslant & \nu\|u_{0h}\|_1^2 + G(p_{0h}, p_{0h}) + \int_0^t \|u\|_2^2\|u_h\|_1^2 ds \\
& + Ch^{-2}\int_0^t \left(\|u_h\|_0^2\|u - u_h\|_1^2 + \|u_h\|_1^2\|u - u_h\|_1\right) ds
\end{aligned}$$

$$\leqslant C + C\left(\int_0^t \|u_{ht}\|_0^2 ds\right)^{1/2}. \tag{5-15}$$

最后, 结合 (5-10) 可得 (5-2) 第二式和第三式. □

引理 5.2 假设 (H1)~(H3) 成立, 对所有 $t \in [0,T]$, 有

$$\nu\sigma(t)\|u(t) - u_h(t)\|_1^2 + \int_0^t \sigma(s)\|u_t - u_{ht}\|_0^2 ds \leqslant Ch^2, \tag{5-16}$$

这里 $\sigma(t) = \min\{1, t\}$.

证明 对 $d(u-u_h, q_h)+G(p-p_h, q_h)$ 关于时间 t 求导, 在 (5-4) 中取 $(v_h, q_h) = (e_{ht}, \eta_h)$, 则由 (5-4) 可得

$$\begin{aligned}\frac{1}{2}\|e_{ht}\|_0^2 + \frac{1}{2}\frac{d}{dt}\left(\nu\|e_h\|_1^2 + G(\eta_h, \eta_h)\right) \leqslant &|b(u - u_h, u, e_{ht})| + |b(u, u - u_h, e_{ht})| \\ &+|b(u - u_h, u - u_h, e_{ht})| + \frac{1}{2}\|E_t\|_0^2.\end{aligned} \tag{5-17}$$

由三线性项性质 (2-12) 和 (2-3), 可得

$$\begin{aligned}&|b(u - u_h, u, e_{ht}) + b(u, u - u_h, e_{ht})| \\ \leqslant &C\|u\|_2\|u - u_h\|_1\|e_{ht}\|_0 \\ \leqslant &\frac{1}{8}\|e_{ht}\|_0^2 + C\|u\|_2^2\|u - u_h\|_1^2, \\ &|b(u - u_h, u - u_h, e_{ht})| \\ \leqslant &C\|u - u_h\|_0^{1/2}\|u - u_h\|_1^{3/2}\|e_{ht}\|_0^{1/2}\|e_{ht}\|_1^{1/2} \\ \leqslant &\frac{1}{8}\|e_{ht}\|_0^2 + Ch^{-1}\|u - u_h\|_0\|u - u_h\|_1^3.\end{aligned} \tag{5-18}$$

因此, 由 (5-17)~(5-18), 可得

$$\begin{aligned}&\|u_t - u_{ht}\|_0^2 + \frac{d}{dt}\left(\nu\|e_h\|_1^2 + G(\eta_h, \eta_h)\right) \\ \leqslant &C\|E_t\|_0^2 + C\|u\|_2^2\|u - u_h\|_1^2 + Ch^{-1}\|u - u_h\|_0\|u - u_h\|_1^3.\end{aligned} \tag{5-19}$$

给上式乘以 $\sigma(t)$, 然后从 0 到 t 积分, 由定理 2.4、引理 4.1 和引理 5.1 , 可得

$$\int_0^t \sigma(s)\|u_t - u_{ht}\|_0^2 ds + \sigma(t)\left(\nu\|e_h(t)\|_1^2 + G(\eta_h(t), \eta_h(t))\right)$$

$$
\begin{aligned}
&\leqslant C\int_0^t \left(\nu\|e_h\|_1^2+G(\eta_h,\eta_h)\right)ds+C\int_0^t \sigma(s)\|E_t\|_0^2 ds\\
&\quad +C\int_0^t \delta(s)\|u-u_h\|_1^2 ds+C\int \sigma(s)(\|u\|_1+\|u_h\|_1)\|u+u_h\|_1^2 ds\\
&\leqslant C\int_0^t \left(\nu\|e_h\|_1^2+G(\eta_h,\eta_h)\right)ds+Ch^2\int_0^t \sigma(s)(\|u_t\|_1^2+\|p_t\|_0)ds\\
&\quad +C\int_0^t \|u-u_h\|_1^2 ds\\
&\leqslant Ch^2,
\end{aligned} \tag{5-20}
$$

由 (5-20) 和引理 4.1 可得 (5-16). □

引理 5.3 假设 (H1)~(H3) 成立, 对所有 $t\in[0,T]$, 有

$$
\begin{aligned}
\|u_{ht}(t)\|_0^2+\int_0^t \left(\nu\|u_{ht}\|_1^2+G(p_{ht},p_{ht})\right)ds\leqslant C,\\
\sigma(t)\left(\nu\|u_{ht}(t)\|_1^2+G(p_{ht}(t),p_{ht}(t))\right)+\int_0^t \sigma(s)\|u_{htt}\|_0^2 ds\leqslant C,\\
\sigma(t)\|u_t(t)-u_{ht}(t)\|_0^2+\int_0^t \sigma(s)\left(\nu\|e_{ht}\|_1^2+G(\eta_{ht},\eta_{ht})\right)ds\leqslant Ch^2.
\end{aligned} \tag{5-21}
$$

证明 对于 $\forall(v_h,q_h)\in X_h\times M_h$, 关于时间 t 对 (5-1) 求导可得

$$
(u_{htt},v_h)+\mathcal{B}_h((u_{ht},p_{ht});(v_h,q_h))+b(u_{ht},u_h,v_h)+b(u_h,u_{ht},v_h)=(f_t,v_h). \tag{5-22}
$$

在 (5-22) 中取 $(v_h,q_h)=2(u_{ht},p_{ht})$, 由 (2-12) 可得

$$
\frac{d}{dt}\|u_{ht}\|_0^2+2\nu\|u_{ht}\|_1^2+2G(p_{ht},p_{ht})+2b(u_{ht},u_h,u_{ht})\leqslant\frac{\nu}{4}\|u_{ht}\|_1^2+C\|f_t\|_0^2. \tag{5-23}
$$

由 (2-3) 和 (2-12) 可得

$$
\begin{aligned}
2|b(u_{ht},u_h,u_{ht})|&\leqslant C\|u_{ht}\|_0^{1/2}\|u_{ht}\|_1^{3/2}\|u_h\|_1\\
&\leqslant\frac{\nu}{4}\|u_{ht}\|_1^2+C\|u_h\|_1^4\|u_{ht}\|_0^2,
\end{aligned} \tag{5-24}
$$

由 (5-23)~(5-24) 可以推出

$$
\frac{d}{dt}\|u_{ht}\|_0^2+\nu\|u_{ht}\|_1^2+G(p_{ht},p_{ht})\leqslant C\|u_h\|_1^4\|u_{ht}\|_0^2+C\|f_t\|_0^2. \tag{5-25}
$$

积分上式并利用 Gronwall 引理 2.3 可得 (5-21) 第一个不等式.

对 (5-1) 和 $d(u_{ht},q_h)+G(p_{ht},q_h)$ 关于时间 t 分别求导, 并在 (5-22) 中取 $(v_h,q_h)=(u_{htt},p_{ht})$, 有

$$
\begin{aligned}
&\|u_{htt}\|_0^2+\frac{1}{2}\frac{d}{dt}\left(\nu\|u_{ht}\|_1^2+G(p_{ht},p_{ht})\right)+b(u,u_{ht},u_{htt})+b(u_{ht},u,u_{htt})\\
&+b(u_{ht},u_h-u,u_{htt})+b(u_h-u,u_{ht},u_{htt})\leqslant\frac{1}{8}\|u_{htt}\|_0^2+C\|f_t\|_0^2. \qquad (5\text{-}26)
\end{aligned}
$$

由三线性项性质 (2-12) 可得

$$
\begin{aligned}
&|b(u,u_{ht},u_{htt})+b(u_{ht},u,u_{htt})|\\
\leqslant&C\|u\|_2\|u_{ht}\|_1\|u_{htt}\|_0\\
\leqslant&\frac{1}{8}\|u_{htt}\|_0^2+C\|u\|_2^2\|u_{ht}\|_1^2,\\
&|b(u_{ht},u_h-u,u_{htt})+b(u_h-u,u_{ht},u_{htt})|\\
\leqslant&Ch^{-1}\|u_{ht}\|_0^{1/2}\|u_{ht}\|_1^{1/2}\|u-u_h\|_0^{1/2}\|u-u_h\|_1^{1/2}\|u_{htt}\|_0\\
\leqslant&\frac{1}{8}\|u_{htt}\|_0^2+Ch^{-2}\|u_{ht}\|_0\|u_{ht}\|_1\|u-u_h\|_0\|u-u_h\|_1. \qquad (5\text{-}27)
\end{aligned}
$$

组合 (5-26) 和 (5-27), 有

$$
\begin{aligned}
&\|u_{htt}\|_0^2+\frac{d}{dt}\left(\nu\|u_{ht}\|_1^2+G(p_{ht},p_{ht})\right)\leqslant C\|u\|_2^2\|u_{ht}\|_1^2\\
&+Ch^{-2}\|u_{ht}\|_0\|u_{ht}\|_1\|u-u_h\|_0\|u-u_h\|_1+C\|f_t\|_0^2. \qquad (5\text{-}28)
\end{aligned}
$$

给 (5-28) 乘以 $\sigma(t)$ 并从 0 到 t 进行积分, 利用假设 (H2) 和施瓦兹不等式可得

$$
\begin{aligned}
&\int_0^t\sigma(s)\|u_{htt}\|_0^2ds+\sigma(t)\left(\nu\|u_{ht}\|_1^2+G(p_{ht},p_{ht})\right)\\
\leqslant&C\int_0^t(\nu\|u_{ht}\|_1^2+G(p_{ht},p_{ht}))ds+C\int_0^t\|f_t\|_0^2ds\\
&+C\int_0^t\left(\|u\|_2^2\|u_{ht}\|_1^2+h^{-2}\|u-u_h\|_0\|u-u_h\|_1\|u_{ht}\|_0\|u_{ht}\|_1\right)ds\leqslant C, \qquad (5\text{-}29)
\end{aligned}
$$

即为 (5-21) 第二个不等式.

为了得到 (5-21) 第三个不等式, 对 (5-4) 关于时间 t 求导, 则对于 $\forall(v_h,q_h)\in X_h\times M_h$ 可得

$$
(u_{tt}-u_{htt},v_h)+\mathcal{B}_h((e_{ht},\eta_{ht});(v_h,q_h))+b(u_t-u_{ht},u,v_h)+b(u-u_h,u_t,v_h)
$$

$$
\begin{aligned}
&+b(u_t,u-u_h,v_h)+b(u,u_t-u_{ht},v_h)-b(u_t-u_{ht},u-u_h,v_h)\\
&-b(u-u_h,u_t-u_{ht},v_h)=0.
\end{aligned} \tag{5-30}
$$

在 (5-30) 中取 $(v_h,q_h)=(e_{ht},\eta_{ht})$, 可以得到

$$
\begin{aligned}
&\frac{1}{2}\frac{d}{dt}\|u_t-u_{ht}\|_0^2+\nu\|e_{ht}\|_1^2+G(\eta_{ht},\eta_{ht})+b(u_t-u_{ht},u,e_{ht})+b(u-u_h,u_t,e_{ht})\\
&+b(u_t,u-u_h,e_{ht})+b(u,u_t-u_{ht},e_{ht})-b(u_t-u_{ht},u-u_h,e_{ht})\\
&-b(u-u_h,u_t-u_{ht},e_{ht})=(u_{tt}-u_{htt},E_t).
\end{aligned} \tag{5-31}
$$

由三线性项的性质 (2-12) 可得

$$
\begin{aligned}
&|b(u_t-u_{ht},u,e_{ht})+b(u,u_t-u_{ht},e_{ht})|\\
\leqslant&C\|u\|_2\|e_{ht}\|_1\|u_t-u_{ht}\|_0\\
\leqslant&\frac{\nu}{8}\|e_{ht}\|_1^2+C\|u\|_2^2\|u_t-u_{ht}\|_0^2,\\
&|b(u-u_h,u_t,e_{ht})|+|b(u_t,u-u_h,e_{ht})|\\
\leqslant&C\|u_t\|_1\|e_{ht}\|_1\|u-u_h\|_1\\
\leqslant&\frac{\nu}{8}\|e_{ht}\|_1^2+C\|u_t\|_1^2\|u-u_h\|_1^2,\\
&|b(u_t-u_{ht},u-u_h,e_{ht})|+|b(u-u_h,u_t-u_{ht},e_{ht})|\\
\leqslant&C\|u_t-u_{ht}\|_1\|u-u_h\|_1\|e_{ht}\|_1\\
\leqslant&\frac{\nu}{8}\|e_{ht}\|_1^2+C(\|u_t\|_1^2+\|u_{ht}\|_1^2)\|u-u_h\|_1^2,\\
&|(u_{tt}-u_{htt},E_t)|\\
\leqslant&\|u_{tt}-u_{htt}\|_0\|E_t\|_0\leqslant Ch^2\left(\|u_{tt}\|_0+\|u_{htt}\|_0\right)\left(\|u_t\|_2+\|p_t\|_1\right).
\end{aligned} \tag{5-32}
$$

上面的不等式结合 (5-31) 可得

$$
\begin{aligned}
&\frac{d}{dt}\|u_t-u_{ht}\|_0^2+\nu\|e_{ht}\|_1^2+G(\eta_{ht},\eta_{ht})\\
\leqslant&C\|u\|_2^2\|u_t-u_{ht}\|_0^2+c(\|u_t\|_1^2+\|u_{ht}\|_1^2)\|u-u_h\|_1^2\\
&+Ch^2\left(\|u_{tt}\|_0+\|u_{htt}\|_0\right)\left(\|u_t\|_2+\|p_t\|_1\right).
\end{aligned} \tag{5-33}
$$

将 (5-33) 乘以 $\sigma(t)$ 得

$$\begin{aligned}&\frac{d}{dt}\left(\sigma(t)\|u_t-u_{ht}\|_0^2\right)+\sigma(t)\left(\nu\|e_{ht}\|_1^2+G(\eta_{ht},\eta_{ht})\right)\\ \leqslant& C(1+\|u\|_2^2)\sigma(t)\|u_t-u_{ht}\|_0^2+C(\|u_t\|_1^2+\|u_{ht}\|_1^2)\sigma(t)\|u-u_h\|_1^2\\ &+Ch^2\sigma(t)\left(\|u_{tt}\|_0+\|u_{htt}\|_0\right)\left(\|u_t\|_2+\|p_t\|_1\right).\end{aligned} \tag{5-34}$$

最后, 对 (5-34) 从 0 到 t 进行积分, 应用施瓦兹不等式、假设 (H2) 和 (2-25), 于是有

$$\begin{aligned}&\sigma(t)\|u_t(t)-u_{ht}(t)\|_0^2+\int_0^t\sigma(s)\left(\nu\|e_{ht}\|_1^2+G(\eta_{ht},\eta_{ht})\right)ds\\ \leqslant& C\int_0^t(1+\|u\|_2^2)\sigma(s)\|u_t-u_{ht}\|_0^2ds+C\int_0^t(\|u_t\|_1^2+\|u_{ht}\|_1^2)\sigma(s)\|u-u_h\|_1^2ds\\ &+Ch^2\int_0^t\sigma(s)\left(\|u_{tt}\|_0+\|u_{htt}\|_0\right)\left(\|u_t\|_2+\|p_t\|_1\right)ds\leqslant Ch^2,\end{aligned} \tag{5-35}$$

结合 (5-25) 和 (5-29) 完成了引理 5.3 的证明. □

引理 5.4 假设 (H1) ~ (H3) 成立, 对于 $t\in[0,T]$, 有

$$\sigma^{1/2}(t)\|p(t)-p_h(t)\|_0\leqslant Ch. \tag{5-36}$$

证明 由定理 3.1 和 (2-12) 可得

$$\begin{aligned}\|\eta_h\|_0\leqslant&\beta^{-1}\sup_{(v_h,q_h)\in(X_h\times M_h)}\frac{\mathcal{B}_h((e_h,\eta_h);(v_h,q_h))}{\|v_h\|_1+\|q_h\|_0}\\ \leqslant&\beta^{-1}\gamma\|u_t-u_{ht}\|_0+c\left(\|u\|_1+\|u_h\|_1\right)\|u-u_h\|_1.\end{aligned} \tag{5-37}$$

利用引理 5.1~ 引理 5.3 , 有

$$\begin{aligned}&\sigma^{1/2}(t)\|\eta_h\|_0\\ \leqslant& C\sigma^{1/2}(t)\|u_t-u_{ht}\|_0+C(\|u\|_1+\|u_h\|_1)\sigma^{1/2}(t)\|u-u_h\|_1\\ \leqslant& Ch.\end{aligned} \tag{5-38}$$

因此, 可由引理 5.1 和 (H2) 可得

$$\begin{aligned}&\sigma^{1/2}(t)\|p-p_h\|_0\\ \leqslant&\sigma^{1/2}(t)\|\eta_h\|_0+\sigma^{1/2}(t)\|p-Q_h\|_0\\ \leqslant& Ch+Ch(\|u\|_2+\|p\|_1)\end{aligned}$$

$$\leqslant Ch. \tag{5-39}$$

□

由引理 5.1～ 引理 5.4 可得

引理 5.5　在 (H1)～(H3) 假设下, 对所有的 $t \in [0,T]$, 有

$$\sigma^{1/2}(t)\|u(t)-u_h(t)\|_1+\sigma^{1/2}(t)\|p(t)-p_h(t)\|_0 \leqslant Ch. \tag{5-40}$$

下面主要讨论速度的 L^2 模. 对非定常 N-S 方程, 参考文献 [13,74] 方法. 对任意 $(v,q)\in X\times M$ 和 $g\in L^2(0,T,Y)$: 求解 $(\Phi(t),\Psi(t))\in X\times M$ 满足 $t\in[0,T]$,

$$(v,\Phi_t)-\mathcal{B}\big((v,q);(\Phi,\Psi)\big)-b(u,v,\Phi)-b(v,u,\Phi)=(v,g), \tag{5-41}$$

这里 $\Phi(T)=0$. 此问题适定, 存在唯一解, 且满足

$$\Phi\in C(0,T,V)\cap L^2(0,T,D(A))\cap H^1(0,T,Y),\quad \Psi\in L^2(0,T,H^1(\Omega)\cap M).$$

A. T. Hill 和 E. Süli 给出的正则性结果[74].

引理 5.6　对偶问题 (5-41) 的解 (Φ,Ψ) 满足

$$\sup_{0\leqslant t\leqslant T}\|\Phi(t)\|_1^2+\int_0^T\left(\|\Phi\|_2^2+\|\Psi\|_1^2+\|\Phi_t\|_0^2\right)ds\leqslant C\int_0^T\|g\|_0^2ds. \tag{5-42}$$

引理 5.7　在 (H1)～(H3) 的假设下, 对所有 $t\in[0,T]$, 有

$$\int_0^t\|u-u_h\|_0^2ds\leqslant Ch^4. \tag{5-43}$$

证明　首先, 定义对偶问题解 (Φ,Ψ) 的 Galerkin 投影 (Φ_h,Ψ_h):

$$\mathcal{B}_h((v_h,q_h));(\Phi_h,\Psi_h))=\mathcal{B}((v_h,q_h);(\Phi,\Psi)),\quad \forall\ (v_h,q_h)\in X_h\times M_h, \tag{5-44}$$

由上式可得

$$\mathcal{B}_h((v_h,q_h);(\Phi-\Phi_h,\Psi-\Psi_h))=G(q_h,\Psi),\ \ \forall\ (v_h,q_h)\in X_h\times M_h. \tag{5-45}$$

由假设 (A2) 和引理 4.1 可得

$$\|\Phi-\Phi_h\|_0+h(\|\Phi-\Phi_h\|_1+\|\Psi-\Psi_h\|_0)\leqslant Ch^2(\|\Phi\|_2+\|\Psi\|_1). \tag{5-46}$$

在 (5-4) 中取 $(v_h, q_h) = (\Phi_h, \Psi_h)$, 有

$$(e_t, \Phi_h) + \mathcal{B}_h\big((e,\eta);(\Phi_h,\Psi_h)\big) + b(u,e,\Phi_h) + b(e,u,\Phi_h) - b(e,e,\Phi_h) = G(\eta,\Psi_h), \tag{5-47}$$

这里 $(e,\eta) = (u-u_h, p-p_h)$.

把 (5-47) 和 (5-41) 当 $(v,q)=(e,\eta)$ 和 $g=e$ 时的方程相加得

$$\begin{aligned}\|e\|_0^2 = &\frac{d}{dt}(e,\Phi) - (e_t, \Phi-\Phi_h) - \mathcal{B}_h((e,\eta);(\Phi-\Phi_h,\Psi-\Psi_h)) - b(e,u,\Phi-\Phi_h)\\ &-b(u,e,\Phi-\Phi_h) - b(e,e,\Phi_h) - G(\eta,\Psi-\Psi_h) + G(\eta,\Psi).\end{aligned} \tag{5-48}$$

应用 (2-12) 和施瓦兹不等式得

$$\begin{aligned}&|(e_t,\Phi-\Phi_h)|\\ \leqslant\ & C(\|u_t\|_0 + \|u_{ht}\|_0)\|\Phi-\Phi_h\|_0 \leqslant Ch^2(\|u_t\|_0+\|u_{ht}\|_0)(\|\Phi\|_2+\|\Psi\|_1),\\ &|b(e,u,\Phi-\Phi_h)+b(u,e,\Phi-\Phi_h)|\\ \leqslant\ & C\|u\|_1\|e\|_1\|\Phi-\Phi_h\|_1 \leqslant Ch\|u\|_1\|e\|_1\|\Phi\|_2,\\ &|b(e,e,\Phi_h)| \leqslant C\|e\|_1^2\|\Phi_h\|_1 \leqslant C\|e\|_1^2\|\Phi\|_1,\\ &|G(\eta,\Psi-\Psi_h)| \leqslant ChG^{1/2}(\eta,\eta)\|\Psi\|_1.\end{aligned} \tag{5-49}$$

此外, 由定理 3.1、引理 4.1 和 (5-45) 和 (5-46), 有

$$\begin{aligned}&|\mathcal{B}_h\big((e,\eta);(\Phi-\Phi_h,\Psi-\Psi_h)\big)|\\ \leqslant\ & |\mathcal{B}_h\big((u-R_h,p-Q_h);(\Phi-\Phi_h,\Psi-\Psi_h)\big)| + |G(Q_h-p_h,\Psi)|\\ \leqslant\ & C\left(\|u-R_h\|_1+\|p-Q_h\|_0\right)\left(\|\Phi-\Phi_h\|_1+\|\Psi-\Psi_h\|_0\right) + |G(Q_h-p+\eta,\Psi)|\\ \leqslant\ & Ch^2\left(\|u\|_2+\|p\|_1\right)\left(\|\Phi\|_2+\|\Psi\|_1\right) + ChG^{1/2}(\eta,\eta)\|\Psi\|_1.\end{aligned} \tag{5-50}$$

然后, 结合上面的估计和 (5-48), 于是

$$\begin{aligned}\|e\|_0^2 = &\frac{d}{dt}(e,\Phi) + Ch^2(\|u_t\|_0+\|u_{ht}\|_0+\|u\|_1+\|p\|_1)(\|\Phi\|_2+\|\Psi\|_1)\\ &+Ch^2\left(\|u\|_2+\|p\|_1\right)\left(\|\Phi\|_2+\|\Psi\|_1\right) + C\|e\|_1^2\|\Phi\|_1.\end{aligned} \tag{5-51}$$

从 0 到 t 对 (5-51) 积分, 利用施瓦兹不等式, 可得

$$\int_0^t \|e(s)\|_0^2 ds$$

$$
\begin{aligned}
&= -(e(0),\Phi(0)) \\
&\quad + Ch^2\left(\int_0^t \|u\|_2^2 + \|p\|_1^2 + \|u_t\|_1^2 + \|u_{ht}\|_1^2 ds\right)^{1/2}\left(\int_0^t \|e\|_0^2 ds\right)^{1/2}.
\end{aligned}
\tag{5-52}
$$

此外, 由于 R_h 的定义, 则有

$$
\begin{aligned}
|(e(0),\Phi(0))| &= |(u_0 - R_h(u_0,p_0),\Phi(0))| \\
&\leqslant Ch^2(\|u_0\|_2 + \|p_0\|_1)\|\Phi(0)\|_1 \leqslant Ch^2\left(\int_0^t \|e\|_0^2 ds\right)^{1/2}.
\end{aligned}
\tag{5-53}
$$

结合 (5-52)~(5-53), 引理 5.1 和引理 5.6, 完成 (5-43) 的证明. □

引理 5.8　在 (H1)~(H3) 假设下, 对所有 $t \in [0,T]$, 有

$$
\sigma^{1/2}(t)\|u - u_h\|_0 \leqslant Ch^2. \tag{5-54}
$$

证明　在 (5-4) 中取 $(v_h,q_h) = 2(e_h,\eta_h) = 2(R_h - u_h, Q_h - p_h)$, 有

$$
\begin{aligned}
&\frac{d}{dt}\|e_h\|_0^2 + 2\nu\|e_h\|_1^2 + 2G(\eta_h,\eta_h) \\
&+ 2b(u,u-u_h,e_h) + 2b(u-u_h,u,e_h) - 2b(u-u_h,u-u_h,e_h) \\
\leqslant\ & 2\|E_t\|_0\|e_h\|_0.
\end{aligned}
\tag{5-55}
$$

显然, 利用 (2-12), 令 $E = u - R_h(u,p)$, 则有

$$
\begin{aligned}
&2|b(u,u-u_h,e_h) + b(u-u_h,u,e_h)| \\
\leqslant\ & C\|u\|_2\|e_h\|_1\|u-u_h\|_0 \\
\leqslant\ & \frac{\nu}{4}\|e_h\|_1^2 + C\|u\|_2^2\|u-u_h\|_0^2, \\
&2|b(u-u_h,u-u_h,e_h)| \\
\leqslant\ & \|u-u_h\|_1^2\|e_h\|_1 \leqslant \frac{\nu}{4}\|e_h\|_1^2 + C\|u-u_h\|_1^4.
\end{aligned}
\tag{5-56}
$$

应用上面所有这些估计和 (5-55), 得

$$
\frac{d}{dt}\|e_h\|_0^2 + \nu\|e_h\|_1^2 + G(\eta_h,\eta_h) \leqslant 2\|E_t\|_0\|e_h\|_0 + C\|u\|_2^2\|u-u_h\|_0^2 + C\|u-u_h\|_1^4. \tag{5-57}
$$

用引理 4.1 和三角不等式, 有

$$
\int_0^t \|e_h\|_0^2 ds \leqslant 2\int_0^t \|u-u_h\|_0^2 ds + 2\int_0^t \|E\|_0^2 ds
$$

$$
\begin{aligned}
&\leqslant 2\int_0^t \|u-u_h\|_0^2 ds + Ch^4\int_0^t (\|u\|_2^2+\|p\|_1^2)ds \\
&\leqslant Ch^4.
\end{aligned}
\tag{5-58}
$$

对 (5-55) 乘以 $\sigma(t)$ 并从 0 到 t 进行积分, 利用 (5-53), 可以得到

$$
\begin{aligned}
&\sigma(t)\|e_h(t)\|_0^2 + \int_0^t \sigma(s)\left(\nu\|e_h\|_1^2 + G(\eta_h,\eta_h)\right) ds \\
\leqslant & C\left(\int_0^t \|e_h\|_0^2 ds\right)^{1/2} + C\int_0^t \|u\|_2^2\|u-u_h\|_0^2 ds + C\int_0^t \sigma(s)\|u-u_h\|_1^4 ds \\
&+C\left(\int_0^t \sigma(s)\|E_t\|_0^2 ds\right)^{1/2}\left(\int_0^t \|e_h\|_0^2 ds\right)^{1/2} \\
\leqslant & Ch^4.
\end{aligned}
\tag{5-59}
$$

由引理 4.1, 有

$$
\|u(t)-R_h\|_0^2 \leqslant Ch^4(\|u\|_2^2+\|p\|_1^2) \leqslant Ch^4. \tag{5-60}
$$

结合 (5-59) 和 (5-60) 可得 (5-54). □

下面定理是引理 5.1~ 引理 5.8 的结果.

定理 5.1 在定理 3.1 和 (H1) 假设下, 对所有 $t\in[0,T]$, 有

$$
\|u-u_h\|_0 + h\|u-u_h\|_1 + h\|p-p_h\|_0 \leqslant C\sigma^{-1/2}(t)h^2. \tag{5-61}
$$

由于初值的光滑性和技巧原因, 故不能去掉 $\sigma^{-1/2}(t)$ 因子.

5.1.2 数值模拟

本节主要从数值结果角度比较低次等阶有限元稳定化方法和其他稳定化有限元方法在非定常 N-S 方程中的数值表现. 同样, 在本节的数值试验中: 选取区域为 $\Omega=(0,1)\times(0,1)$, 真解为

$$
\begin{aligned}
&u(x,t)=(u_1(x,t),u_2(x,t)), \quad p(x,t)=10(2x_1-1)(2x_2-1)\cos(t), \\
&u_1(x,t)=10x_1^2(x_1-1)^2x_2(x_2-1)(2x_2-1)\cos(t), \\
&u_2(x,t)=-10x_1(x_1-1)(2x_1-1)x_2^2(x_2-1)^2\cos(t).
\end{aligned}
\tag{5-62}
$$

为了比较结构化网格和非结构化网格, 我们对区域进行正则的三角剖分 (见图 5-1). 本节的数值算例主要讨论速度和压力的低次等阶有限元 P_1-P_1 的稳定化

方法. 我们给出稳定性和适用性好的时间半隐 Euler 格式当时间 $t=1$ 和时间步长 $dt=0.0025$ 时的数值算例.

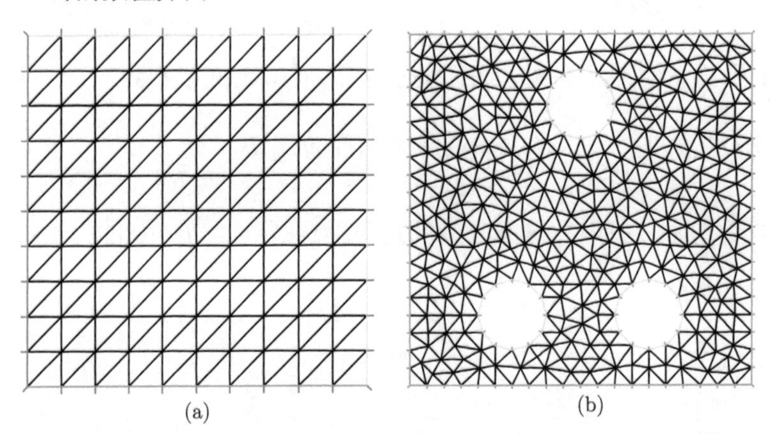

图 5-1　关于网格正则剖分和非结构化网格的三角剖分

首先, 对非定常 N-S 方程的局部高斯积分稳定化有限元方法、标准 Galerkin 方法、加罚有限元方法、正则有限元方法和多尺度丰富方法进行比较. 对于这五种稳定化方法, 我们给出它们的统一离散的格式: 对于任意的 $(v_h,q_h)\in X_h\times M_h$, 求解 $(u_h(\cdot,t),p_h(\cdot,t))\in X_h\times M_h$, $t\in(0,T]$, 满足

$$\begin{aligned}(u_{ht},v_h)+a(u_h,v_h)-d(v_h,p_h)+b(u_h,u_h,v_h)&=(f,v_h),\\ d(u_h,q_h)+\Lambda(p_h,q_h)&=0,\end{aligned}\tag{5-63}$$

这里 $\Lambda(p_h,q_h)=0$ 表示标准的 Galerkin 方法, $\Lambda(p_h,q_h)=\varepsilon(p_h,q_h)/\nu$ 表示加罚方法, $\Lambda(p_h,q_h)=\delta\sum\limits_K h_K^2(\nabla p_h-f,\nabla q_h)_K$ 表示正则方法,

$$\Lambda(p_h,q_h)=\delta_1\sum_K h_K^2(\nabla p_h-f,\nabla q_h)_K+\sum_{K,\ K'}\delta_2 h_e\left\langle\left[\nu\frac{\partial u}{\partial n}\right],\left[\nu\frac{\partial v}{\partial n}\right]\right\rangle_e$$

表示多尺度丰富方法[27], $\Lambda(p_h,q_h)=G(p_h,q_h)$ 表示局部高斯积分稳定化方法, 上面用 $h_e=|e|$ 和 $[v]$ 表示 v 在 $e=K\cap K'$ 的跳跃.

对于正则剖分网格, 目前并没有满意的方法得到优化的稳定化参数. 特别地, 这些参数选取依然通过试验和经验. 关于加罚方法介入了一个非常小的参数 $\varepsilon(10^{-4}>\varepsilon>0)$[11,12]. 在定常 N-S 方程的研究过程中, 通过试验给出正则化方法的一些稳定化参数. 虽然得到了好的相对误差, 但收敛阶偏离很大. 在本节试验中, 选取加罚参数为 $\varepsilon = 10^{-6}$. 通过一致正则网格情形下的理论分析, 得到正则稳定化方法的稳定化参数为 $\delta = 1/(80\nu) = 0.0125/\nu$, 但这个参数并不适合于复杂类型的网格 (与 J. Wang 教授讨论结果). 在下面的算例中, 可以看到对于非结构化网格的效果有些偏差. 对于多尺度丰富方法, 参考文献 [27] 选取 $\delta_1 = 1/(8\nu) = 0.125/\nu$ 和 $\delta_2 = 1/(12\nu)$. 进一步, 我们测试了一致正则剖分下正则稳定化方法和多尺度丰富方法不同的稳定化参数对误差的影响. 选取 $h = 1/27$ 和 $\nu = 0.01$ 的结果 (见表 5-1 和表 5-2). 可以看出数值试验结果基本上符合理论对正则化方法稳定化参数选取的结果. 特别地, 依然用

$$E = \max_K \left| \int_K \mathrm{div} u_h dx \right| \tag{5-64}$$

表示稳定化方法对于不可压缩条件影响的一个指标.

表 5-1 关于正则稳定化方法不同稳定化参数的相对误差 ($\nu = 0.01$ 和 $1/h = 27$)

δ	$\frac{\|u-u_h\|_0}{\|u\|_0}$	$\frac{\|u-u_h\|_1}{\|u\|_1}$	$\frac{\|p-p_h\|_0}{\|p\|_0}$	E
1.25e+010	0.58186	0.780421	0.0879626	0.000429764
1250	0.524077	0.714703	0.00231233	0.000417508
125	0.257037	0.414099	0.00136363	0.00034068
12.5	0.0420664	0.154004	0.0010947	0.000164305
1.2500	0.010635	0.10718	0.00106821	4.23749e-005
0.125	0.00977313	0.104804	0.00106896	2.90663e-005
0.0125	0.0109201	0.108888	0.00116981	2.94516e-005
0.000125	0.0136091	0.126283	0.0020777	3.26249e-005
1.25e-010	0.0137342	0.127326	0.0872114	3.27503e-005

除了加罚有限元方法, 在表 5-3 至表 5-6 或图 5-2 给出四种方法的速度和压力相对误差和相对收敛速度. 从数值试验, 可以看出四种方法对速度的逼近没有太大的区别, 但压力的逼近相差较大. 对于不可压缩流体数值计算, 压力的计算结果是反映这种方法优劣的一个必要指标. 从表中可以发现对于低次等阶稳定有限元方法, 标准 Galerkin 有限元方法关于压力的结果比较差. 这个结果并不奇怪, 因为低次等阶有限元并不满足 inf-sup 条件. 而局部高斯积分稳定化方法、正则稳定化方法和多尺度丰富方法似乎取得了超收敛的结果. 详细地说, 关于非定常 N-S 方程局部高

斯积分稳定化方法的结果验证了理论关于速度和压力的结果. 从理论的结果, 关于速度的 L^2 范数是二阶收敛的, 关于速度 H^1 和压力 L^2 范数是一阶收敛. 在表 5-6 中, 局部高斯积分稳定化方法的数值试验结果表现出了好的结果: 压力的收敛阶约为 $O(h^{1.8})$. 更重要的是, 我们介绍的局部高斯积分稳定化方法对于不可压缩条件没有任何影响. 比较正则稳定化方法和多尺度丰富方法, 稳定化方法不需求导或单元的边界积分, 只需计算两个有限元上简单的高斯积分即可.

表 5-2 关于多尺度丰富稳定化方法不同稳定化参数时相对误差

($\nu = 0.01, \delta_2 = 1/(12\nu)$ 和 $1/h = 27$)

δ	$\frac{\|u-u_h\|_0}{\|u\|_0}$	$\frac{\|u-u_h\|_1}{\|u\|_1}$	$\frac{\|p-p_h\|_0}{\|p\|_0}$	E
1.25e+010	0.578187	0.764985	0.212368	0.000385109
1250	0.520675	0.699656	0.0023136	0.000374259
125	0.255029	0.401199	0.0013685	0.000306779
12.5	0.0420326	0.147995	0.00109729	0.000152181
1.25	0.012678	0.106257	0.00106908	3.8449e-005
0.125	0.0121566	0.104464	0.00107023	2.84652e-005
0.00125	0.0152158	0.119877	0.00177986	3.12862e-005
0.000125	0.0133481	0.108487	0.00118251	2.91604e-005
1.25e-010	0.0161279	0.127469	0.084931	3.23125e-005

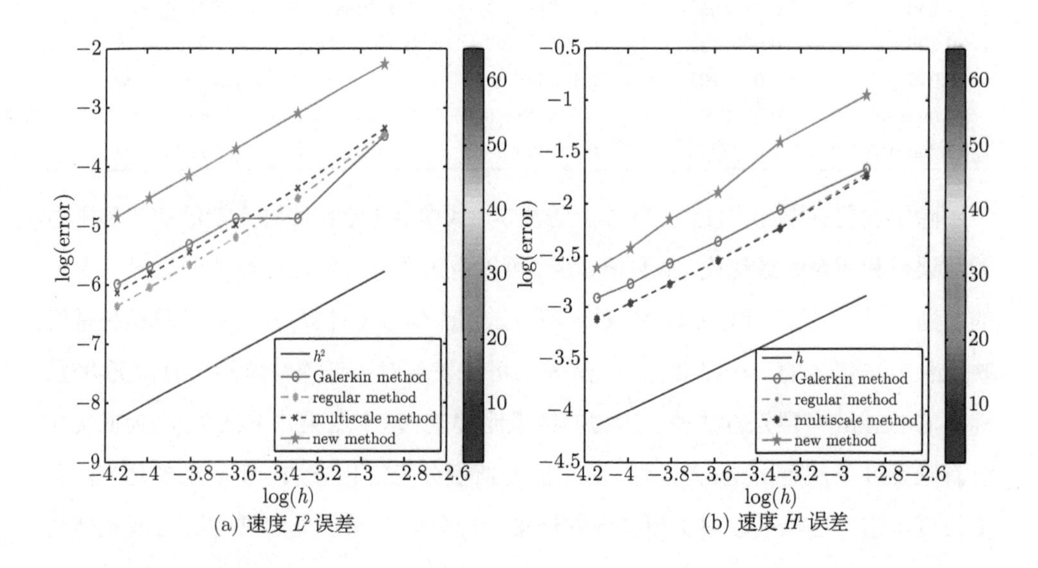

(a) 速度 L^2 误差 (b) 速度 H^1 误差

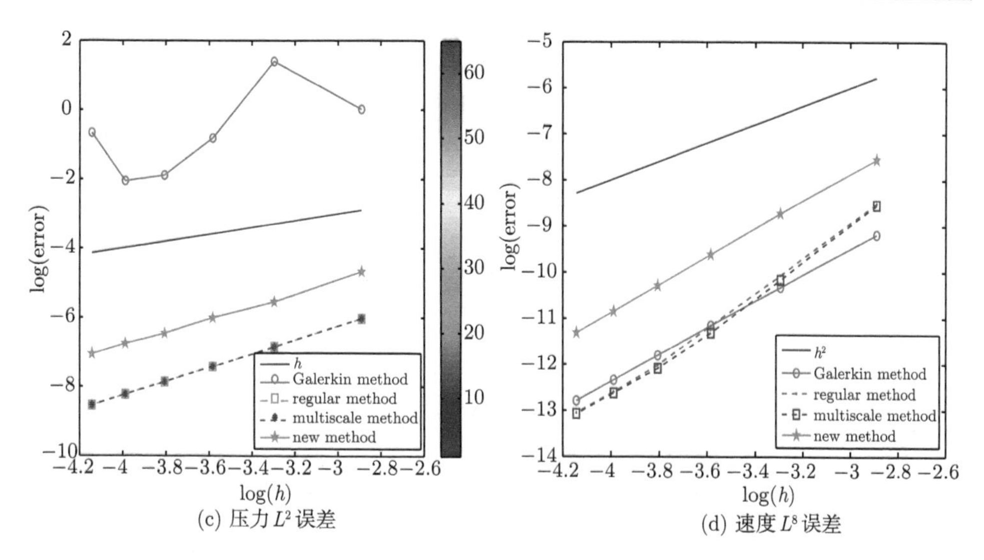

(c) 压力 L^2 误差

(d) 速度 L^8 误差

图 5-2 在一致网格下用四种方法求解非定常 N-S 方程的收敛阶 ($\nu = 10^{-2}$)

表 5-3 关于非定常 N-S 方程标准 Galerkin 有限元方法的相对误差 ($\nu = 0.01$)

$1/h$	$\frac{\Vert u-u_h\Vert_0}{\Vert u\Vert_0}$	$\frac{\Vert u-u_h\Vert_1}{\Vert u\Vert_1}$	$\frac{\Vert p-p_h\Vert_0}{\Vert p\Vert_0}$	E
18	0.0308098	0.189134	1.01439	0.000102231
27	0.013734	0.127327	4.06744	3.27466e-005
36	0.00758175	0.0939097	0.444616	1.43189e-005
45	0.00490889	0.0761692	0.151242	7.48351e-006
54	0.00335357	0.0624615	0.12808	4.38911e-006
63	0.00249719	0.0543352	0.514549	2.78988e-006
72	0.00188206	0.0467924	0.461222	1.88213e-006
81	0.00150824	0.0422297	0.110548	1.32893e-006

非结构化网格是计算流体动力学研究的热点之一. 比较而言, 结构化网格的拓扑结构具有严格的有序性. 网格的定位能够用空间上的三个指标 i, j, k 识别, 且网格单元之间的拓扑连接关系是简单的 i, j, k 递增或递减关系, 在计算过程中不需要存储它的拓扑结构. 当流动区域易于被结构化网格所剖分、流动结构不需要做自适应处理时, 结构化网格仍被研究者乐于采用. 非结构化网格是一种无规则随机的

表 5-4　关于非定常 N-S 方程正则稳定化有限元方法的相对误差

($\nu = 0.01$ 和 $\delta = 0.0125\nu$)

$1/h$	$\frac{\|u-u_h\|_0}{\|u\|_0}$	$\frac{\|u-u_h\|_1}{\|u\|_1}$	$\frac{\|p-p_h\|_0}{\|p\|_0}$	E
18	0.0319185	0.182044	0.00241892	0.000200833
27	0.010635	0.10718	0.00106821	4.23749e-005
36	0.00551077	0.0784519	0.000599516	1.42401e-005
45	0.00343014	0.0623285	0.000383294	6.05239e-006
54	0.00235515	0.0518077	0.00026603	3.37212e-006
63	0.00172107	0.0443561	0.000195388	2.14376e-006
72	0.00131399	0.038789	0.000149563	1.44665e-006
81	0.00103657	0.0344677	0.000118158	1.02167e-006

表 5-5　关于非定常 N-S 方程多尺度丰富稳定化有限元方法的相对误差

($\delta_2 = \dfrac{1}{12\nu}$ 和 $\delta_1 = 0.0125\nu$)

$1/h$	$\frac{\|u-u_h\|_0}{\|u\|_0}$	$\frac{\|u-u_h\|_1}{\|u\|_1}$	$\frac{\|p-p_h\|_0}{\|p\|_0}$	E
18	0.0348923	0.176206	0.00242275	0.000194556
27	0.012678	0.106257	0.00106908	3.8449e-005
36	0.00678573	0.0781985	0.000599852	1.21692e-005
45	0.00427598	0.0622291	0.000383471	5.63247e-006
54	0.00295196	0.0517581	0.000266142	3.30058e-006
63	0.00216323	0.044327	0.000195468	2.09918e-006
72	0.00165422	0.0387699	0.000149626	1.41708e-006
81	0.00130627	0.0344541	0.000118209	1.00103e-006

表 5-6　关于非定常 N-S 方程局部高斯积分稳定化有限元方法的相对误差 ($\nu = 0.01$)

$1/h$	$\frac{\|u-u_h\|_0}{\|u\|_0}$	$\frac{\|u-u_h\|_1}{\|u\|_1}$	$\frac{\|p-p_h\|_0}{\|p\|_0}$	E
18	0.104027	0.386244	0.00937275	0.000525787
27	0.0450949	0.244439	0.00391038	0.000162308
36	0.0246115	0.150347	0.00246092	6.65249e-005
45	0.0156104	0.116457	0.00156202	3.40361e-005
54	0.0107037	0.0881183	0.00115775	1.94697e-005
63	0.00781958	0.0727358	0.000866687	1.22037e-005
72	0.00595256	0.0604797	0.000690971	8.12688e-006
81	0.00468698	0.0520517	0.000560169	5.68476e-006

网格结构, 网格的定位只能用一维变量识别, 网格的拓扑连接关系是无规则的, 需要在网格生成过程中存储网格的拓扑结构, 这意味着非结构化网格对计算存储需求量大. 但利用非结构化网格易于剖分具有复杂边界的流动区域, 且在计算过程中可以在流场变化剧烈的区域内随意加密网格. 因此, 我们可以高效地解决复杂问题.

这里我们设计一种非结构化网格: 在原来的区域中 $\Omega = (0,1)^2$ 中, 挖去三个半径为 0.1, 圆心在 $(0.3, 0.2)$, $(0.3, 0.7)$ 和 $(0.5, 0.8)$ 的洞. 在洞的边沿附近区域的形状比较复杂. 我们使用与上面相同的右端项. 在非常细的网格以 Taylor-Hood (P_2-P_1) 元逼近非定常 N-S 方程的解作为假定真解. 毫无疑问, 用 Taylor-Hood 有限元求解不可压缩流体 N-S 方程具有超收敛的结果. 假定真解和有限元解作为绝对误差, 关于误差常数则可由绝对误差和最大的网格尺度的比值得到. 从一系列的数值中, 我们得到了最大的误差常数 $c(\Omega, \nu, f, u_0, t)$. 下面给出了不同方法关于误差常数的结果, 从表 5-7 中可以发现新稳定化方法的误差常数相对较小. 本节主要讨论: 正则稳定化方法、多尺度丰富方法、泡函数稳定方法和稳定化方法. 由表 5-7 可以说明本章介绍的稳定化方法在非结果化网格下同 Taylor-Hood 有限元取得比较相近的结果.

表 5-7 非结构化网格下四种稳定化方法最大的误差常数 ($\nu = 0.001$)

类型	$\max\left\{\frac{\|u-u_h\|_0}{h^2}\right\}$	$\max\left\{\frac{\|\nabla(u-u_h)\|_0}{h}\right\}$	$\max\left\{\frac{\|p-p_h\|_0}{h}\right\}$
正则稳定化方法	0.752114	6.12452	6.09415
多尺度丰富方法	0.893946	6.22024	6.09433
bubble 稳定方法	1.47453	16.8133	6.09413
新稳定化方法	0.750659	5.9606	6.09587

最后, 我们给出上述非结构化网格情况下关于方腔流动的数值模拟. 比较了局部高斯积分稳定化方法、正则化方法 (regular method)、多尺度丰富方法 (multiscale method) 和标准 Galerkin 方法, 用 Taylor-Hood 元和 P_1b-P_1 标准 Galerkin 有限元求解非定常 N-S 方程的解. 在图 5-3 中, 描绘了关于速度沿着平行于水平线 $y = 0.5$ 方向的结果. 数值结果表明：在非结构化网格情况下, 关于低次等阶有限元 P_1-P_1 局部高斯积分稳定化方法具有和 Taylor-Hood 元相近的优于其他稳定化方法的结果.

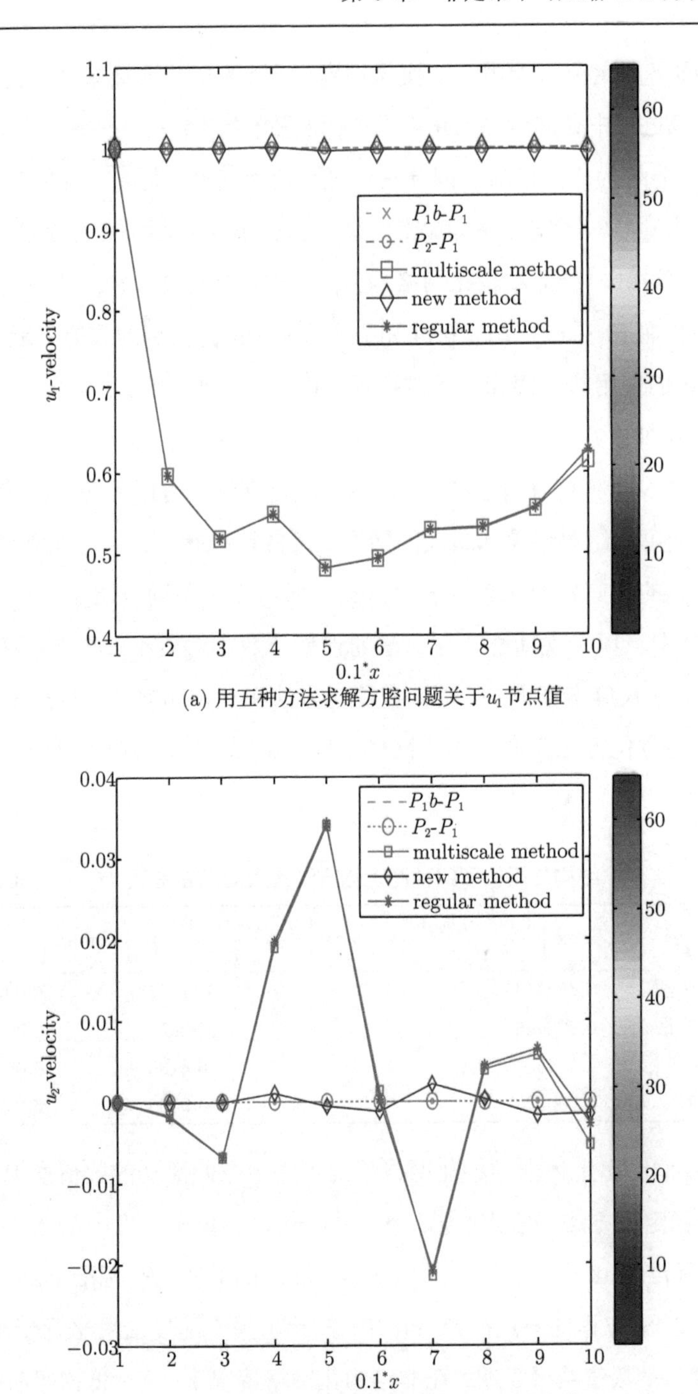

(a) 用五种方法求解方腔问题关于u_1节点值

(b) 用五种方法求解方腔问题关于 u_2 节点值

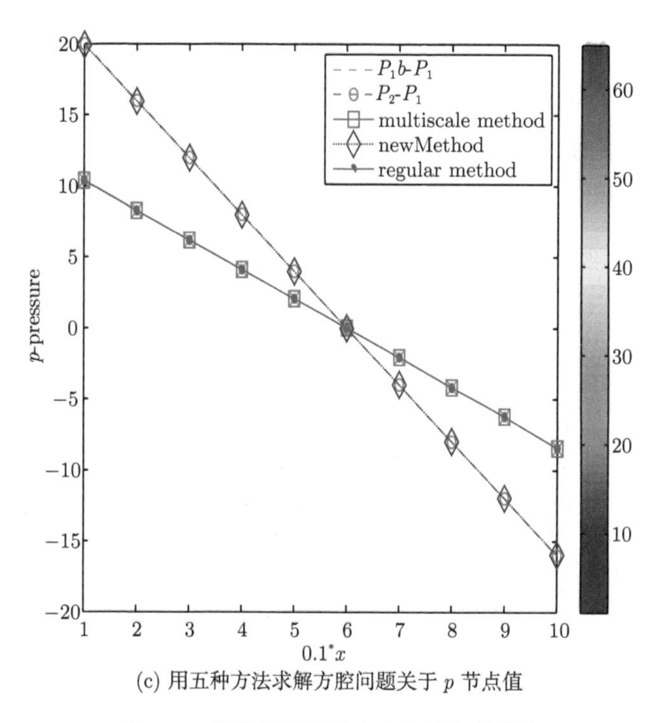

(c) 用五种方法求解方腔问题关于 p 节点值

图 5-3 方腔问题关于速度和压力截面图

总之, 对于低次等阶有限元, 局部高斯积分稳定化方法是一个具有潜力的方法. 它相对其他方法更适用不可压缩流体非结构化网格和大规模科学计算.

5.2 全离散二阶时间精度隐式/显式方法[69]

为了求解非定常 N-S 方程, 我们采用以往的高效方法[2, 63–66, 68, 69, 72, 73, 100–108]. 并用比较的方式说明 Crank-Nicolson /Adams-Bashforth 算法具有好的稳定性和收敛性.

对于非定常 N-S 方程全离散方法, 二阶时间精度格式更具有吸引力. 关于非定常 N-S 方程全隐格式几乎是无条件稳定的, 但是每一个时间步长中, 我们必须解决一个非线性问题. 相比之下, 显式格式则很容易计算. 然而, 稳定性条件严格地限制了时间步长. 目前, 一个比较流行的方法是在对线性问题用隐式格式, 并对非线性格式用显式或半显格式. 尽管这样, 对于非线性项用半隐格式得到一个关于时间变化的线性系数矩阵.

本节主要讨论非定常方程二阶时间精度的 Crank-Nicolson/Adams-Bashforth 格式, 在空间离散时应用满足 inf-sup 条件的有限元配对, 对于线性项用 Crank-Nicolson 格式并对非线性项用 Adams-Bashforth 格式. 最近, 何银年教授和孙伟伟教授[68] 从理论上证明这种方法关于时间具有二阶精度. 本节介绍总结理论结果并给出关于 Crank-Nicolson/Adams-Bashforth 格式的稳定性和收敛性的数值试验. 从分析结果发现 Crank-Nicolson/ Admas-Bashforth 算法几乎具有和全隐格式相同的稳定性, 并且具有和 Crank-Nicolson 外推格式取相同的时间步长情况下得到几乎相同的收敛速度. 但 Crank-Nicolson/Admas-Bashforth 算法仅仅三层时间推进计算一个简单的 Stokes 方程. 因此, Crank-Nicolson/Admas-Bashforth 算法在处理非定常 N-S 方程方面具有简单高效的特点.

5.2.1　非定常 N-S 方程三种全离散方法比较

首先, 给出一些假设: 关于有限维的非定常 N-S 方程, 对任意的 $0 < t \leqslant T$ 和 $(v_h, q_h) \in X_h \times M_h$ 有

$$\begin{aligned} (u_{ht}, v_h) + a(u_h, v_h) - d(v_h, p_h) + d(u_h, q_h) + b(u_h, u_h, v_h) &= (f, v_h), \\ u_h(0) = u_{0h} &= P_h \end{aligned} \tag{5-65}$$

在 (H2) 假设下, 有下面的误差分析[64, 106]:

$$\|u(t) - u_h(t)\|_0 + h(\|u(t) - u_h(t)\|_1 + \sigma^{1/2}(t)\|p(t) - p_h(t)\|_0) \leqslant \kappa h^2. \tag{5-66}$$

这里定义一些有用的符号:

$$\overline{u}_h^n = \frac{1}{2}(u_h^n + u_h^{n-1}), \quad \overline{u}_h(t_n) = \frac{1}{2}(u_h(t_n) + u_h(t_{n-1})), \quad d_t u_h^n = \frac{1}{\tau}(u_h^n - u_h^{n-1}).$$

关于有限维 Galerkin 逼近时间离散, 设 $t_n = n\tau (n = 0, 1, \cdots, N)$, $\tau = \dfrac{T}{N}$ 是时间步长且 $u_h(0) = u_{0h} = P_h u_0$. 我们给出三种格式的解:

算法一　Euler 全隐格式. 对任意 $(v_h, q_h) \in X_h \times M_h$, 由下面方程定义有限元解 $(u_h^n, p_h^n) \in X_h \times M_h$, $n = 1, \cdots, N$,

$$(d_t u_h^n, v_h) + a(u_h^n, v_h) - d(v_h, p_h^n) + d(u_h^n, q_h) + b(u_h^n, u_h^n, v_h) = (f(t_n), v_h). \tag{5-67}$$

定理 5.2 Euler 隐式格式具有无条件稳定性, 并满足如下收敛性结果:

$$\|u(t_m)-u_h^m\|_0 \leqslant \kappa(\tau+h^2), \quad t_m \in (0,T],$$

$$\|u(t_m)-u_h^m\|_1 \leqslant \kappa(\tau+\sigma^{-1/2}(t_m)h), \quad t_m \in (0,T],$$

$$\|p(t_m)-p_h^m\|_0 \leqslant \kappa(\sigma^{-1}(t_m)\tau+\sigma^{-1/2}(t_m)h), \quad t_m \in (0,T]. \tag{5-68}$$

算法二 Crank-Nicolson 外推格式[58, 64]: 对任意 $(v_h,q_h)\in X_h\times M_h$, 由下面方程定义有限元的解 $(u_h^n,p_h^n)\in X_h\times M_h$, $n=1,\cdots,N$.

第一步: 对任意的 $(v_h,q_h)\in X_h\times M_h$, 求解 $(u_h^1,p_h^1)\in X_h\times M_h$ 满足

$$(d_t u_h^1,v_h)+a(\overline{u}_h^1,v_h)-d(v_h,p_h^1)+d(\overline{u}_h^1,q_h)+b(\overline{u}_h^1,\overline{u}_h^1,v_h)=(\overline{f}(t_1),v_h). \tag{5-69}$$

第二步: 对任意的 $(v_h,q_h)\in X_h\times M_h$, 求解 $(u_h^n,p_h^n)\in X_h\times M_h$ 满足

$$\begin{aligned}&(d_t u_h^n,v_h)+a(\overline{u}_h^n,v_h)-d(v_h,p_h^n)+d(\overline{u}_h^n,q_h)\\&+b\left(\frac{3}{2}u_h^{n-1}-\frac{1}{2}u_h^{n-2},\overline{u}_h^n,v_h\right)=(\overline{f}(t_n),v_h),\end{aligned} \tag{5-70}$$

在稳定性的假设下, Crank-Nicolson 外推格式的稳定性和收敛性结果与下面的 Crank-Nicolson/Adams-Bashforth 格式相同[64].

算法三 Crank-Nicolson/Adams-Bashforth 格式.

第一步: 对任意的 $(v_h,q_h)\in X_h\times M_h$, 求解 $(u_h^1,p_h^1)\in X_h\times M_h$ 满足

$$(d_t u_h^1,v_h)+a(u_h^1,v_h)-d(v_h,p_h^1)+d(u_h^1,q_h)+b(u_h^0,u_h^0,v_h)=(f(t_1),v_h). \tag{5-71}$$

第二步: 对任意的 $(v_h,q_h)\in X_h\times M_h$, 求解 $(u_h^n,p_h^n)\in X_h\times M_h$ 满足

$$\begin{aligned}&(d_t u_h^n,v_h)+a(\overline{u}_h^n,v_h)-d(v_h,p_h^n)+d(\overline{u}_h^n,q_h)+\frac{3}{2}b(u_h^{n-1},u_h^{n-1},v_h)\\&-\frac{1}{2}b(u_h^{n-2},u_h^{n-2},v_h)=(\overline{f}(t_n),v_h),\end{aligned} \tag{5-72}$$

或者

$$\begin{aligned}&(d_t u_h^n,v_h)+a(\overline{u}_h^n,v_h)-d(v_h,p_h^n)+d(\overline{u}_h^n,q_h)+b(\overline{u}_h^{n-1},\overline{u}_h^{n-1},v_h)\\&+b(d_t u_h^{n-1},\overline{u}_h^{n-1},v_h)\tau+b(\overline{u}_h^{n-1},d_t u_h^{n-1},v_h)\tau\end{aligned}$$

$$+\frac{1}{4}b(d_tu_h^{n-1},d_tu_h^{n-1},v_h)\tau^2=(\overline{f}(t_n),v_h). \tag{5-73}$$

参考文献 [68] 给出了 Crank-Nicolson/Admas-Bashforth 方法的稳定性和收敛性结论.

引理 5.9 在 (A1) $\sim$ (A3) 和 (H3) 的假设下, $0<\tau<1$, $1\leqslant m\leqslant N$ 满足下面的稳定性条件:

$$160c_0^2\gamma_0^2\nu^{-2}\kappa_2\max\{1,\nu,\kappa_1^{1/2}\}\tau\leqslant 1, \tag{5-74}$$

则算法三的解 (u_h^m,p_h^m) 满足

$$\begin{aligned}
&\|u_h^m\|_0^2+\nu\tau\sum_{n=1}^{m}\|\overline{u}_h^n\|_1^2\leqslant\kappa_0,\\
&\|u_h^m\|_1^2+\nu\tau\sum_{n=1}^{m}\|A_h\overline{u}_h^n\|_0^2\leqslant\kappa_1,\\
&\|d_tu_h^m\|_0^2+\nu\|A_hu_h^m\|_0^2+\|p_h^m\|_0^2+\nu\|d_tu_h^m\|_1^2\tau\leqslant\kappa_2,
\end{aligned} \tag{5-75}$$

这里 κ_0, κ_1, κ_2 是依赖于 (ν,Ω,T,u_0,f) 的正常数.

定理 5.3 在引理 5.9 的假设下, 对于 Crank-Nicolson/Adams-Bashforth 算法, 有

$$\begin{aligned}
&\|u(t_m)-u_h^m\|\leqslant\kappa(\sigma^{-1}(t_m)\tau^2+h^2),\quad 1\leqslant m\leqslant N,\\
&\|\nabla(u(t_m)-u_h^m)\|\leqslant\kappa(\sigma^{-1/2}(t_m)\tau+h),\quad 1\leqslant m\leqslant N,\\
&\|p(t_m)-p_h^m\|\leqslant\kappa(\sigma^{-1}(t_m)\tau+\sigma^{-1/2}(t_m)h),\quad 1\leqslant m\leqslant N.
\end{aligned} \tag{5-76}$$

5.2.2 Crank-Nicolson/Adams-Bashforth 方法数值模拟

在本节中, 我们从稳定性和收敛性角度对非定常 N-S 方程的 Crank-Nicolson/Adams-Bashforth 算法进行数值分析.

首先, 讨论非定常 N-S 方程 Crank-Nicolson/Adams-Bashforth 算法的稳定性. 众所周知, 在所有的方法中 Euler 隐式格式是无条件稳定. 为了建立一个参考点, 我们在相同的网格和有限元逼近前提下比较 Crank-Nicolson/Adams-Bashforth 算法、Euler 隐式算法、Crank-Nicolson 外推格式. 而 Crank-Nicolson 格式在某些特定

情况下会产生振荡[59], 因此, 关于 Crank-Nicolson/Adams-Bashforth 算法稳定性研究, 我们比较 Euler 隐式方法和 Crank-Nicolson/Adams-Bashforth 算法的稳定性.

为了分析 Crank-Nicolson/Adams-Bashforth 算法的稳定性, 主要进行如下两方面的工作:

一方面给出速度和压力沿着垂直方向 ($x = 0.5$) 的有限离散点的情况. 这里令 $1/h = 20$, $T = 1\text{s}$, 时间步长 $dt = \tau = 0.001$. 右端项可由上述真解及非定常 N-S 方程给出. 步长为 $\tau(= 0.001) < 1/h^2(= 0.0025)$ 的 Euler 全隐格式作为一个标准, 我们对 Crank-Nicolson/Adams-Bashforth 算法选取不同的时间步长 $\tau = 0.1$, 0.01 和 0.001. 从图 5-4 可以看出用较大的时间步长来求解非定常 N-S 方程, 它的结果几乎没有任何的负面影响. 对于不同时间步长的 Crank-Nicolson/Adams-Bashforth 算法所计算出来的曲线几乎完全和步长为 $dt = 0.001$ 的 Euler 隐式方程的曲线重合.

另一方面, 按照引理 5.9 分析, 我们研究了速度和压力的关于时间最大 H^1 和 L^2 范数. 在相同的网格和时间步长的情况下, 比较 Euler 隐式格式和 Crank-Nicolson/Adams-Bashforth 算法关于速度和压力 H^1 和 L^2 的最大模范数. 从表 5-8 至表 5-11 中可以发现 Crank-Nicolson/Adams-Bashforth 格式和 Euler 隐式格式几乎取得了同样的稳定性结果.

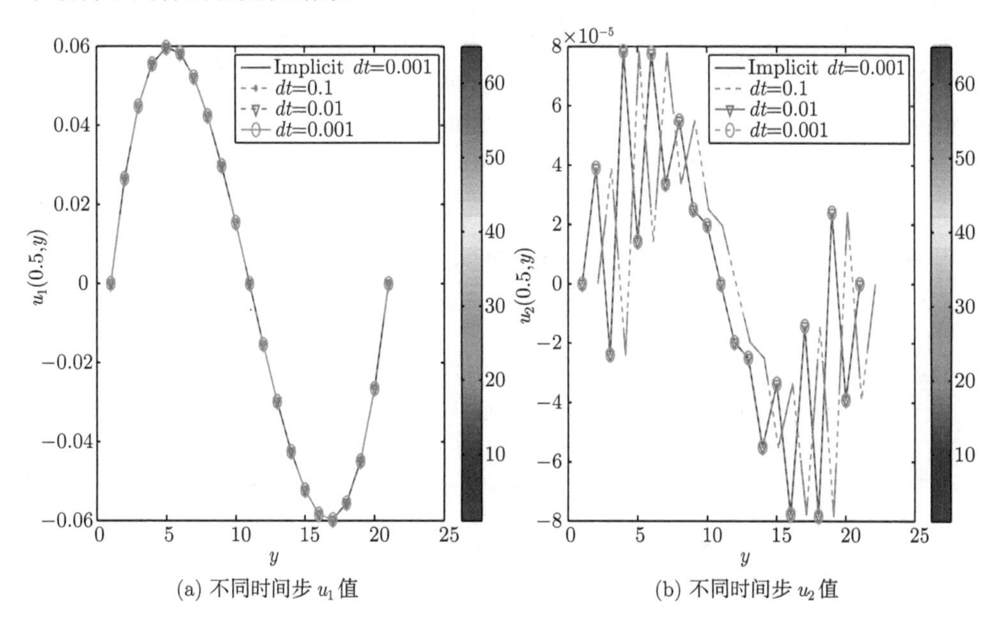

(a) 不同时间步 u_1 值　　(b) 不同时间步 u_2 值

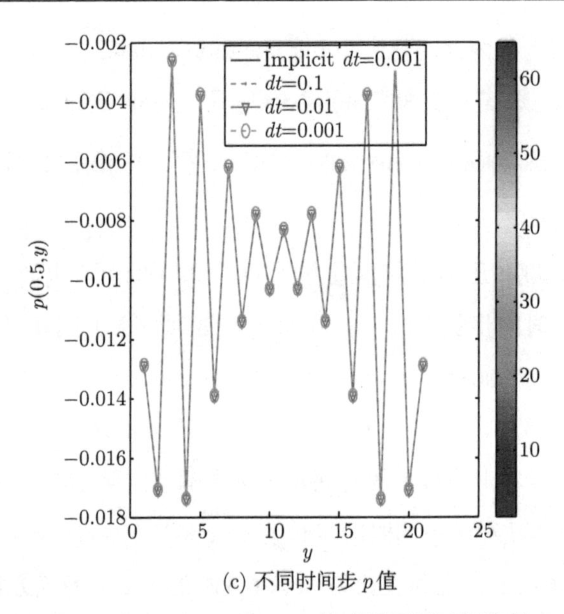

(c) 不同时间步 p 值

图 5-4　关于 Crank-Nicolson/Adams-Bashforth 格式用不同时间步长 $dt=\tau$ 求解速度压力在 $x=0.5$ 值

表 5-8　关于 Euler 全隐格式速度最大模范数 $\sup\limits_{0\leqslant t_m\leqslant 5}\|\nabla u_h^m\|_0$ 范数 ($\nu=0.1, T=5$)

$1/h$ \ τ	0.5	1.0	1.1	1.2	1.3	1.4
10	0.199833	0.199832	0.199828	0.19983	0.199814	∞
20	0.139728	0.139726	0.139719	0.139722	0.134713	∞
40	0.135008	0.135006	0.134999	0.135002	0.134972	∞
60	0.13475	0.134748	0.13474	0.134743	0.134713	∞
80	0.134706	0.134704	0.134697	0.1347	0.13467	∞

表 5-9　关于 Euler 隐式格式压力最大模范数 $\sup\limits_{0\leqslant t_m\leqslant 5}\|p_h^m\|_0(\nu=0.1, T=5)$

$1/h$ \ τ	0.5	1.0	1.1	1.2	1.3	1.4
10	3.33098	3.33098	3.33098	3.33098	3.33098	∞
20	3.33317	3.33317	3.33317	3.33317	3.33333	∞
40	3.33332	3.33332	3.33332	3.33332	3.33332	∞
60	3.33333	3.33333	3.33333	3.33333	3.33333	∞
80	3.33333	3.33333	3.33333	3.33333	3.33333	∞

表 5-10 关于 Crank-Nicolson/Adams-Bashforth 格式速度最大模范数 $\sup\limits_{0\leqslant t_m\leqslant 5}\|\nabla u_h^m\|_0(\nu=0.1,T=5)$

$1/h$ \ τ	0.5	1.0	1.1	1.2	1.3	1.4
10	0.31759	0.48367	0.49348	0.50110	0.50713	∞
20	0.27512	0.47049	0.48236	0.49171	0.49918	∞
40	0.27512	0.47163	0.48403	0.49383	0.50169	∞
60	0.26979	0.47203	0.48452	0.4944	0.50234	∞
80	0.26962	0.4722	0.48470	0.49462	0.50258	∞

表 5-11 关于 Crank-Nicolson/Adams-Bashforth 格式压力最大模范数 $\sup\limits_{0\leqslant t_m\leqslant 5}\|p_h^m\|_0(\nu=0.1,T=5)$

$1/h$ \ τ	0.5	1.0	1.1	1.2	1.3	1.4
10	3.13243	2.56733	2.42305	2.2738	2.1187	∞
20	3.13645	2.56983	2.42481	2.27424	2.11937	∞
40	3.13645	2.57019	2.42512	2.27402	2.11923	∞
60	3.13723	2.57024	2.42516	2.27396	2.11920	∞
80	3.13727	2.57026	2.42518	2.27394	2.11917	∞

第二个讨论的主题是关于非定常 N-S 方程的 Crank- Nicolson/Adams-Bashforth 算法的收敛速度. 由上面定理 5.2 和定理 5.3 的结果, 除了 Euler 全隐格式, 其他算法的时间离散误差对于光滑初值和等距的时间步长 τ 的假设下可以得到二阶时间精度. 从表 5-12 至表 5-13 或图 5-4, 我们给出 Crank-Nicolson 外推格式和 Crank-Nicolson/Adams-Bashforth 格式的速度和压力相对误差. 同时, 在图 5-5 给出了关于两种方法的收敛速度的图像. 从结果发现 Crank-Nicolson/Adams-Bashforth 在精度上几乎与 Crank-Nicolson 外推格式取得了相同的结果. 从表格 5-12 至表 5-13 和图 5-5, 数值结果表明 Crank-Nicolson/Adams-Bashforth 格式和 Crank-Nicolson 外推格式具有相同的收敛速度.

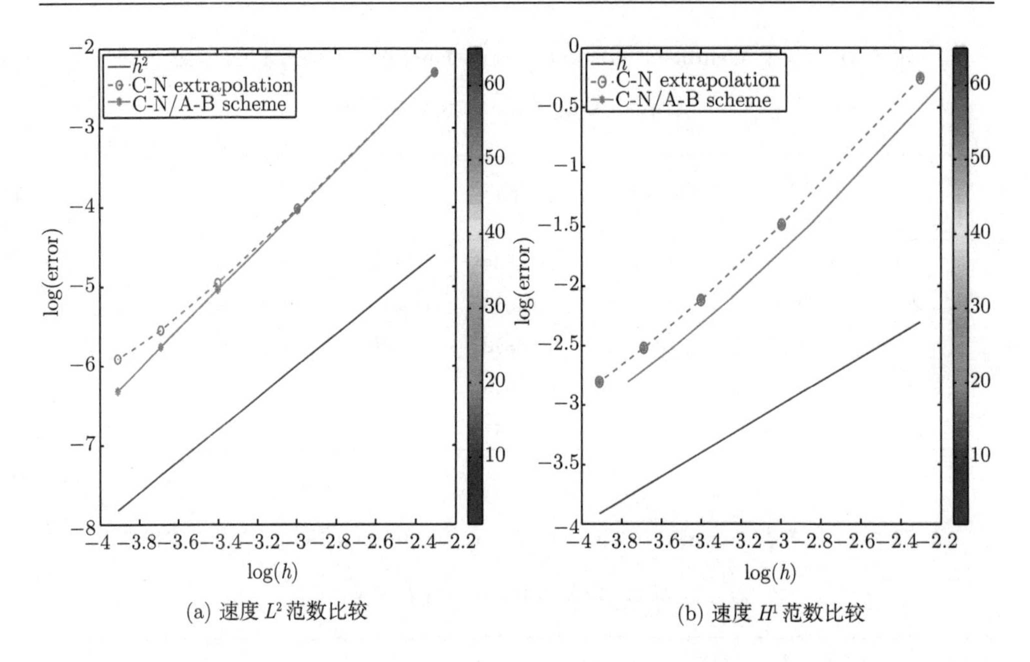

(a) 速度 L^2 范数比较　　(b) 速度 H^1 范数比较

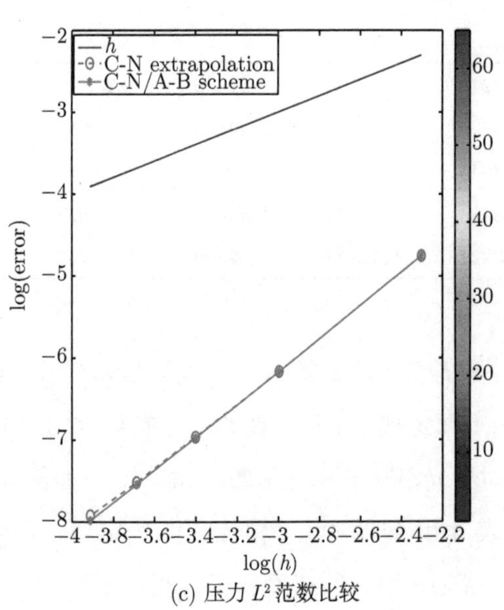

(c) 压力 L^2 范数比较

图 5-5　关于两种时间二阶精度方法比较 ($\nu = 0.1$)

表 5-12 关于 Crank-Nicolson 外推格式的收敛性 ($\nu = 0.1, \tau = h$)

$1/h$	CPU(s)	$\frac{\|u-u_h\|_0}{\|u\|_0}$	$\frac{\|u-u_h\|_1}{\|u\|_1}$	$\frac{\|p-p_h\|_0}{\|p\|_0}$
10	60.016	0.100333	0.776956	0.00861975
20	183.938	0.0180421	0.226584	0.00210659
30	242.157	0.00705652	0.120115	0.000944405
40	483.454	0.00389711	0.0804756	0.000543721
50	849.328	0.00270418	0.0603698	0.000362297

表 5-13 关于 Crank-Nicolson/Adams-Bashforth 格式的收敛性 ($\nu = 0.1, \tau = h$)

$1/h$	CPU(s)	$\frac{\|u-u_h\|_0}{\|u\|_0}$	$\frac{\|u-u_h\|_1}{\|u\|_1}$	$\frac{\|p-p_h\|_0}{\|p\|_0}$
10	2.609	0.100709	0.784026	0.00861963
20	18.594	0.0176201	0.225956	0.00210175
30	69.313	0.00650648	0.120361	0.000935603
40	157.079	0.00316256	0.0803447	0.000529379
50	308.078	0.0018043	0.0603227	0.000341252

此外, 用上述的方腔流动问题对新算法进行测试. 这里的方腔问题三个边界初值为零, 在上面的边界初值为 (1,0). 我们用 Euler 全隐格式、Crank-Nicolson 外推格式和 Crank-Nicolson/Adams-Bashforth 格式计算了当 $\nu = 0.1$, $T = 1\text{s}$ 和 $1/h = 30$ 时, 时间步长分别为 $\tau = 0.01$, 0.05 和 0.1 时的结果. 在图 5-6 中, 我们发现三种算法的图像几乎完全一致.

关于稳定性和收敛性分析可以发现 Crank-Nicolson/Adams-Bashforth 算法对于大时间步长取得了好的稳定性和收敛性结果. 因此, 这种方法在大规模计算中有很大的潜力.

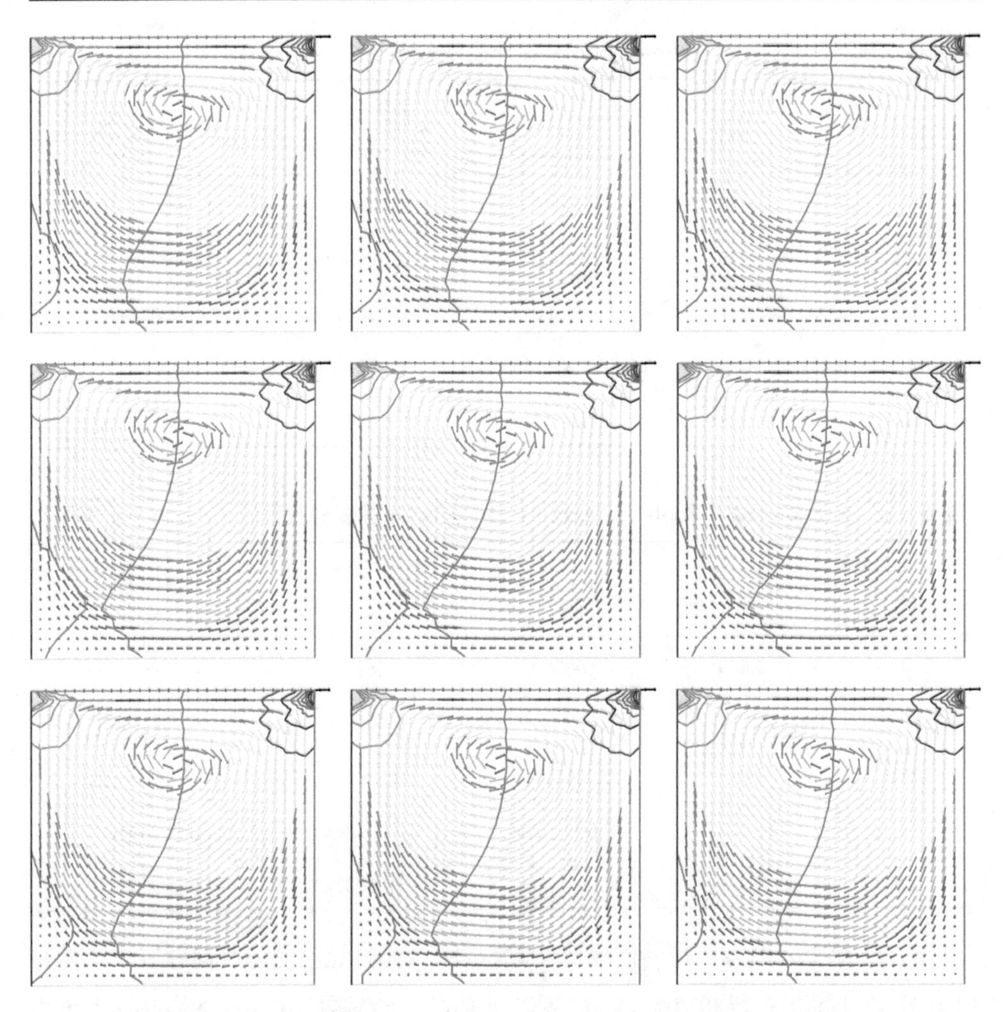

图 5-6　关于 Euler 全隐格式 (上图)、Crank-Nicolson 外推格式 (中图) 和 Crank-Nicolson/Adams-Bashforth 格式 (下图)(时间步长 $dt = 0.01$, $dt = 0.05$ 和 $dt = 0.1(\nu = 0.1)$) 速度流线图和等压线

第 6 章　结　　论

本书内容属数学中的计算数学. 科学计算已和理论、实验并列为三大科学方法, 它突破了试验和理论科学方法的局限, 并进一步提高了人们对自然和社会的洞察力. 由于人们对非线性现象本质的认识有限, 因而数值模拟就成为一种十分重要的研究手段. 大规模计算、长时间积分、有限计算资源及算法稳定性之间的矛盾使得 N-S 方程的数值模拟变得更加困难. 因此, 构造和研究具有良好的长时间稳定性和收敛性可并行实现的高效算法就显得尤为重要. 关于 N-S 方程的数值模拟主要考虑了下面几个方面的问题：①相容性 inf-sup 条件; ②非线性问题; ③不可压缩条件; ④非结构化网格; ⑤大雷诺数问题; ⑥大时间步长. 关于不可压缩流有限元求解, 复杂的区域和经济的计算要求非结构化网格和低次等阶有限元. 而传统有限元主要设计在一致网格上, 且低次有限元不满足 inf-sup 条件. 不可压缩条件和小黏性系数会导致总刚矩阵具有坏的条件数. 计算的稳定性往往需要苛刻的相容性条件和较小的时间步长. 对于非线性问题和小时间步长则往往需要大量的计算.

本书主要围绕上述几个问题, 以不可压缩流 N-S 方程为研究模型, 构造并实现了下述方法：

(1) 不可压缩流低次等阶有限元局部高斯积分稳定化方法;

(2) 定常 N-S 方程的两层及多层新稳定有限元方法;

(3) 定常 N-S 方程的局部粗网格 L^2 投影超收敛方法;

(4) 定常 N-S 方程的 Euler 时空迭代有限元方法;

(5) 非定常 N-S 方程二阶时间精度 Crank-Nicolson/Adams-Bashforth 算法.

主要的创新点如下：

(1) 提出局部高斯积分稳定化方法. 此方法利用局部高斯积分去稳定选元方便易于并行的低次等阶有限元 P_1-P_1 和 Q_1-Q_1. 此方法区别于其他稳定化方法：稳

定项不需求导和计算边界积分, 不需稳定化参数, 计算简单高效. 特别地, 适合于协调、非协调有限元和有限体积元方法, 对于难以计算的压力具有超收敛结果; 对于非结构化网格, 此方法优于其他稳定化方法且与具有超收敛效果的 Taylor-Hood 元求解 N-S 方程几乎取得相同的数值效果. 本书分别从理论和模拟角度分析了局部高斯积分协调有限元稳定化方法、非协调有限元稳定化方法和关于有限体积元方法, 得出了优化阶的理论结果和数值模拟.

(2) 提出两层及多层新稳定化有限元方法. 结合局部高斯积分稳定化方法和两层及多层方法求解定常 N-S 方程, 分析理论并进行数值模拟. 结果表明两层及多层稳定化有限元方法与传统的有限元方法具有相同的收敛速度, 但此方法只需要在粗网格解非线性问题, 在细网格一步校正解线性 Stokes 问题. 同时这种方法在粗网格求解时捕捉了很多的信息. 与多尺度方法比较, 两层及多层有限元方法利用简单高效的有限元, 并在细网格时用粗网格的信息–粗网格的有限元解参与简单的线性运算, 处理问题更为宏观. 因此这种方法是一种简单高效的多尺度方法, 适合解决大规模的数值计算.

(3) 简化并推广 ZZ 方法和 Wang Junping 的局部 L^2 投影方法, 给出粗网格局部 L^2 投影方法的后处理方法格式, 从理论得到定常 N-S 方程的超收敛结果, 且对局部区域 Stokes 方程给出了局部超收敛理论结果 (省略). 此方法优于其他方法: 方法灵活, 可适应于协调、非协调和间断有限元方法; 研究局部超收敛特征, 而不研究点的超收敛, 适合于并行; 后处理网格只需正则不需一致正则, 给自适应网格提供了理论保证; 后处理 “空间” 要求低, 也可是函数空间; 几乎不依赖于问题 (不需苛刻的 inf-sup 条件). 同时, 我们结合局部无散度基间断有限元方法, 设计了一种自适应网格后处理方法.

(4) 本书利用 Euler 时空迭代有限元方法求解具有较大雷诺数的定常 N-S 方程, 从数值模拟角度对相对此问题进行数值分析取得很好的效果.

(5) 何银年教授和孙伟伟教授给出关于时间依赖的 N-S 方程的 Crank-Nicolson/Adams-Bashforth 几乎无条件稳定性和关于时间的二阶精度理论结果 (线性问题用 Crank-Nicolson 格式且非线性项用显式的 Adams-Bashforth 格式), 本书从数值角度分析其稳定性和收敛性, 取得了几乎与无条件稳定全隐格式相似的稳定性, 且与二阶时间精度的 Crank-Nicolson 外推格式几乎相同的收敛性的结果. 而此种方法不需解非线性问题, 只需用三层时间推进求解 Stokes 方程.

本书仅给出不可压缩流 N-S 方程初步的数值方法及分析，后续相关的结果可参考文献 [109–128].

参 考 文 献

[1] Girault V, Raviart P A. Finite Element Method for Navier-Stokes Equations: Theory and Algorithms [M]. Heidelberg: Springer-Verlag, 1987.

[2] Marion M, Temam R. Navier-Stokes Equations: Theory and Approximation [M]. Handb. Numer. Anal., Amsterdam: North-Holland, 1998, 6: 503-689.

[3] Ciarlet P G. The Finite Element Method for Elliptic Problems [M]. Amsterdam: North-Holland, 2002.

[4] 李开泰, 黄艾香, 黄庆怀. 有限元方法及其应用 [M]. 北京: 科学出版社, 2006.

[5] 李开泰, 马逸尘. 数理方程 Hilbert 空间方法 (上) [M]. 西安: 西安交通大学出版社, 1990.

[6] 李开泰, 马逸尘. 数理方程 Hilbert 空间方法 (下) [M]. 西安: 西安交通大学出版社, 1992.

[7] Chen Z X. Finite Element Methods and Their Applications[M]. Heidelberg: Spring-Verlag, 2005.

[8] 马逸尘, 梅立泉, 王阿霞. 偏微分方程的现代数值解法 [M]. 北京: 科学出版社, 2006.

[9] Bochev P B, Dohrmann C R, Gunzburger M D. Stabilization of low-order mixed finite elements for the Stokes equations [J]. SIAM J. Num. Anal., 2006, 44(1): 82-101.

[10] Li J. Investigations on two kinds of two-level stabilized finite element methods for the stationary Navier-Stokes equations [J]. Appl. Math. Comp., 2006, 182: 1470-1481.

[11] Li J, He Y N. A stabilized finite element method based on two local gauss integrations for the Stokes equations [J]. J. Comput. Appl. Math., 2007, 2008, 214(1): 58-65.

[12] He Y N, Li J. A stabilized finite element method based on local polynomial pressure projection for the stationary Navier-Stokes equations [J]. Applied Numerical Mathematics, 2008, 58(10): 1503-1514.

[13] Li J, He Y N, Chen Z X. A new stabilized finite element method for the transient Navier-Stokes equations [J]. Comput. Methods Appl. Mech. Engrg., 2007, 197(1):

22-35.

[14] Li J, He Y N, Xu H. A multi-level stabilized finite element method for the stationary Navier-Stoke equations [J]. Comp. Meth. Appl. Mech. Eng., 2007, 196: 2852-2862.

[15] Silvester D J. Stabilised vs stable mixed finite element methods for incompressible flow [R]. Numerical Analysis Report No. 307, 1997.

[16] Silvester D J, Kechkar N. Stabilized bilinear-constant velocity-pressure finite elements for the conjugate gradient solution of the Stokes problem [J]. Comp. Meth. Appl. Mech. Engrg., 1990, 79(1): 71-86.

[17] Silvester D J. Optimal low-order finite element methods for incompressible flow [J]. Comp. Meth. Appl. Mech. Engrg., 1994, 111(3-4): 357-368.

[18] Silvester D J. Stabilised mixed finite element methods [R]. Numerical Analysis Report No. 262, 1995.

[19] Brezzi F, Douglas J. Stabilized mixed methods for the Stokes problem [J]. Numer. Math., 1988, 53(1-2): 225-235.

[20] Douglas J, Wang J P. An absolutely stabilized finite element method for the Stokes problem [J]. Math. Comp., 1989, 52(186): 495-508.

[21] Hughes T, Franca L, Balestra M. A new finite element formulation for computational fluid dynamics: v. circumventing the Babuska-Brezzi condition: A stable Petrov-Galerkin formulation of the Stokes problem accommodating equal-order interpolations [J]. Comput. Methods Appl. Mech. Engrg., 1986, 59: 85-99.

[22] Bochev P B, Gunzburger M D. An absolutely stable pressure-poisson stabilized finite element method for the Stokes equations [J]. SIAM J. Numer. Anal., 2005, 42(3): 1189-1207.

[23] Buscaglia G C, Basombrío F G, Codina R. Fourier analysis of an equal-order incompressible flow solver stabilized by pressure gradient projection [J]. Int. J. Numer. Meth. Fluids, 2015, 34(1): 65-92.

[24] Fortin M, Glowinski R. Augmented Lagrangian Methods: Applications to Numerical Solution of Boundary Value Problems [M]. Stud. Math. Appl. 15, Amsterdam: North-Holland, 1983.

[25] Franca L P, Stenberg R. Error analysis of some Galerkin least squares methods for

the elasticity equations [J]. SIAM J. Numer. Anal., 1991, 28(6): 1680-1697.

[26] Dohrmann C, Bochev P B. A stabilized finite element method for the Stokes problem based on polynomial pressure projections [J]. Int. J. Numer. Methods Fluids., 2004, 46(2): 183-201.

[27] Araya R, Barrenechea G R, Valentin F. Stabilized finite element methods based on multiscale enrichment for the Stokes problem [J]. SIAM J. Numer. Anal., 2006, 44(1): 322-348.

[28] Araya R, Barrenechea G R, Valentin F. Stabilized finite-element method for the Stokes problem including element and edge residuals [J]. IMA Journal of Numerical Analysis, 2007, 27: 172-197.

[29] Li J, Chen Z X. A new stabilized finite volume method for the stationary Stokes equations [J]. Adv. Comp. Math., 2009, 30(2): 141-152.

[30] Li J, Chen Z X. A new local stabilized nonconforming finite element method for the Stokes equations [J]. 2008, 82(2-3): 157-170.

[31] Baiocchi C, Brezzi F, Franca L P. Virtual bubbles and Galerkin-least-squares type methods [J]. Comput. Methods Appl. Mech. Eng., 1993, 105(1): 125-141.

[32] Barrenechea G, Valentin F. An unusual stabilized finite element method for a generalized Stokes problem [J]. Numer. Math., 2002, 92(4): 653-677.

[33] Codina R, Blasco J. Analysis of a pressure-stabilized finite element approximation of the stationary Navier-Stokes equations [J]. Numer. Math., 2000, 87(1): 59-81.

[34] Xu J C. A novel two-grid method for semilinear elliptic equations [J]. SIAM J. Sci. Comput., 1994, 15: 231-237.

[35] Xu J C. Two-grid finite element discretization techniques for linear and nonlinear PDE [J]. SIAM J. Numer. Anal., 1996, 33: 1759-1777.

[36] Niemisto A. FE-approximation of unconstrained optimal control like problems [R]. University of Jyvaskyla, Report 70, 1995.

[37] Girault V, Lions J L. Two-grid finite-element schemes for the steady Navier-Stokes problem in polyhedra [J]. Portug. Math., 2001, 58(1): 25-57.

[38] Layton W. A two-level discretization method for the Navier-Stokes equations [J]. Computers Math. Applic., 1993, 26(2): 33-38.

[39] Layton W, Lenferink W. Two-level Picard-defect corrections for the Navier-Stokes equations at high Reynolds number [J]. Applied Math. Comput., 1995, 69: 263-274.

[40] Layton W, Lenferink W. A multilevel mesh independence principle for the Navier-Stokes equations [J]. SIAM J. Numer. Anal., 1996, 33(1): 17-30.

[41] Zienkiewicz O C, Zhu J Z. The superconvergent patch recovery and a posteriori error estimates. Part 1: the recovery technique [J]. Int. J. Numer. Methods. Engrg., 1992, 33(7): 1331-1364.

[42] Zienkiewicz O C, Zhu J Z. The superconvergent patch recovery and a posteriori error estimates. Part 2: error estimates and adaptivity [J]. Int. J. Numer. Methods. Engrg., 1992, 33(7): 1365-1382.

[43] Li J, He Y N. Two mesh algorithms discontinuous Galerkin methods for the incompressible stationary Navier-Stokes equations [R]. International workshop on discontinuous Galerkin method and its applications, 2007.

[44] Wang J P, Ye X. Superconvergence of finite element approximations for the Stokes problem by L^2 projection [J]. SIAM J. Numer. Anal., 2001, 30: 1001-1013.

[45] Wang J P, Li J, Ye X. Superconvergence by coarsening projection [R]. On the occasion of Prof. Qun Lin's 70th birthday.

[46] Baker G A, Jureidini W N, Karakashian O A. Piecewise solenoidal vector fields and the Stokes problem [J]. SIAM J. Numer Aanl., 1990, 27(6): 1466-1485.

[47] Karakashian O A, Jureidini W N. A nonconforming finite element method for the stationary Navier-Stoke equations [J]. SIAM Journal of Numer. Anal., 1998, 35(1): 93-120.

[48] Li J, He Y N. Superconvergence of discontinuous galerkin finite element method for the stationary Navier-Stokes equations [J]. Numer. Methods for PDEs, 2007, 23(2): 421-436.

[49] Kaya S, Rivière A. A two-grid stabilization method for solving the steady-state Navier-Stokes equations [J]. Numerical methods for partial differential equations, 2010, 22(3): 728-743.

[50] Kaya S, Layton W. Subgrid-scale eddy viscosity methods are variational multiscale methods [R]. Technical report, TR-MATH 03-05, University of Pittsburgh, 2003.

[51] John V, Kaya S. A finite element variational multiscale method for the Navier-Stokes equations [J]. SIAM J. Sci. Comput., 2006, 26(5): 1485-1503.

[52] Kaya S, Riviére B. A discontinuous subgrid eddy viscosity method for the time-dependent Navier Stokes equations [J]. SIAM J. Numer. Anal., 2006, 43(4): 1572-1595.

[53] Guermond J L. Stabilization of Galerkin approximations of transport equations by subgrid modelling [J]. M2AN, 2002, 33(6): 1293-1316.

[54] Layton W. A connection between subgrid scale eddy viscosity and mixed methods [J]. Appl. Math. Comput., 2002, 133: 147-157.

[55] Hughes T J R. The multiscale phenomena: Green's functions, the Dirichlet-to-Neumann formulation, subgrid-scale models, bubbles and the origin of stabilized methods [J]. Computer Methods Appl. Mech. Eng., 1995, 127(1-4): 387-401.

[56] He Y N. Euler Semi-implicit iterative scheme for the stationary Navier-Stokes equations [J]. 2013, 123(1): 67-96.

[57] He Y N, Li J. Convergence of three iterative methods based on the finite element discretization for the stationary Navier-Stokes equations [J]. Computer methods in Appl. Mech. Eng., 2009, 198(15-16): 1351-1359.

[58] He Y N. Two-level method based on finite element and Crank-Nicolson extrapolation for the time-dependent Navier-Stokes equations [J]. SIAM J. Numer. Anal., 2004, 41(4): 1263-1285.

[59] John V, Matthies G, Rang J. A comparison of time-discretization/linearization approaches for the incompressible Navier-Stokes equations [J]. Comput. Methods Appl. Mech. Eng., 2013, 195(44): 5995-6010.

[60] Baker G A. Galerkin approximations for the Navier-Stokes equations, manuscript [J]. Cambridge: Harvard University, MA, 1976.

[61] Baker G A, Dougalis V A, Karakashian O A. On a high order accurate fully discrete Galerkin approximation to the Navier-Stokes equations [J]. Math. Comp., 1982, 39(160): 339-375.

[62] Cannon J R, Lin Y P. A priori L^2 error estimates for finite-element methods for nonlinear diffusion equations with memory [J]. SIAM J. Numer. Anal., 1990, 27(3):

595-607.

[63] He Y N, Li K T. Two-level stabilized finite element method for the stationary Navier-Stoke problem [J]. Computing, 2005, 74: 337-351.

[64] Heywood J G, Rannacher R. Finite-element approximations of the nonstationary Navier–Stokes problem. Part IV: Error estimates for second-order time discretization [J]. SIAM J. Numer. Anal., 1990, 27: 353-384.

[65] Kim J, Moin P. Application of a fractional-step method to incompressible Navier-Stokes equations [J]. J. Comput. Phys., 1985, 59(2): 308-323.

[66] Tone F. Error analysis for a second scheme for the Navier-Stokes equations [J]. Appl. Numer. Math., 2004, 50(1): 93-119.

[67] Johnston H, Liu J G. Accurate, stable and efficient Navier-Stokes slovers based on explicit treatment of the pressure term [J]. J. Comput. Phys., 2004, 199(1): 221-259.

[68] He Y N, Sun W W. Stability and convegence of the Crank-Nicolson/ Adams-Bashforth scheme for the time-dependent Navier-Stokes equations [J]. SIAM J. Numer. Anal., 2007, 45: 837-869.

[69] He Y N, Li J. Numerical implementation of the Crank-Nicolson/Adams-Bashforth scheme for the time-dependent Navier-Stokes equations [J]. International Journal for Numerical Methods in Fluids, 2010, 62(6): 647-659.

[70] Arnold D A, Scott L R, Vogelius M. Regular inversion of the divergence operator with Dirichlet boundary conditions on a polygon [J]. Ann. Scuola. Norm. Sup. Pisa CI.Sci., 1988, 15(2): 169-192.

[71] Temam R. Navier-Stokes Equations, Theory and Numerical Analysis [M]. 3rd ed.. Amsterdam: North-Holland, 1984.

[72] Shen J. Long time stability and convergence for fully discrete nonlinear Galerkin methods [J]. Appl. Anal., 1990, 38(4): 201-229.

[73] He Y. Optimal error estimate of the penalty finite element method for the time-dependent Navier-Stokes equations [J]. Math. Comp., 2005, 74(251): 1201-1216.

[74] Hill A T, Süli E. Approximation of the global attractor for the incompressible Navier-Stokes problem [J]. IMA J. Numer. Anal., 2000, 20(4): 633-667.

[75] He Y N, Lin Y P, Sun H W. Stabilized finite element method for the non-stationary

Navier-Stokes problem [J]. Discrete and Continuous Dynamical Systems-Series B, 2006, 6: 41-68.

[76] Brezzi F, Rappaz J, Raviart P A. Finite element approximation of nonlinear problems. Part I: Branch of nonsingular solutions [J]. Numer. Math., 1980, 36: 1-25.

[77] Cai Z, Mandel J, Mccormick S. The finite volume element method for diffusion equations on general triangulations [J]. SIAM J. Numer. Anal., 1991, 28(2): 392-402.

[78] Chen Z X. The control volume finite element methods and their applications to multiphase flow, Networks and Heterogeneous Media. Networks and heterogeneous media, 2006, 1: 689-706.

[79] Chen Z, Li R, Zhou A H. A note on the optimal L^2-estimate of finite volume element method[J]. Adv. Comput. Math., 2002, 16: 291-303.

[80] Chou S H, Li Q. Error estimates in L^2, H^1 and L^∞ in co-volume methods for elliptic and parabolic problems: A unified approach [J]. Math Comp., 2000, 69(229): 103-120.

[81] Li R, Chen Z, Wu W. The Generalized Difference Method for Differential Equations-Numerical Analysis of Finite Volume Methods [M]. New York: Marcel Dekker, 2000.

[82] Ewing R E, Lin T, Lin Y. On the accuracy of the finite volume element method based on piecewise linear polynomials [J]. SIAM J. Numer. Anal., 2002, 39(6): 1865-1888.

[83] Li R. Generalized difference methods for a nonlinear Dirichlet problem [J]. SIAM J Numer Anal., 1987, 24(1): 77-88.

[84] Li R, Zhu P. Generalized difference methods for second order elliptic partial differential equations (I) (in Chinese) [J]. Numer. Math., 1982, 16(2): 113–175.

[85] Chou S H, Kwak D Y. Analysis and convergence of a MAC scheme for the generalized Stokes problem. Numer. Meth. Partial Diff. Equ., 2015, 13(2): 147-162.

[86] Chou S H, Kwak D Y. A covolume method based on rotated bilinears for the generalized Stokes problem [J]. SIAM J. Numer. Anal., 1998, 35(2): 494-507.

[87] Chou S H, Vassilevski P S. A general mixed co-volume framework for constructing conservative schemes for elliptic problems [J]. Math. Comp., 1999, 68(227): 991–1011.

[88] Ye X. On the relationship between finite volume and finite element methods applied to the Stokes equations [J]. Numer. Methods Partial Diff. Equ., 2001, 17(5): 440-453.

[89] Bank R E, Rose D J. Some error estimates for the box method [J]. SIAM J. Numer.

Anal., 1987, 24(4): 777-787.

[90] Wu H J, Li R H. Error estimates for finite volume element methods for general second-order elliptic problems [J]. 2003, 19: 693-708.

[91] Cai Z Q, Douglas J, Ye X. A stable nonconforming quadrilateral finite element method for the stationary Stokes and Navier-Stokes equations I [J]. Calcolo, 1999, 36(4): 215-232.

[92] Crouzeix M, Raviart P A. Conforming and nonconforming finite element methods for solving the stationary Stokes equations [J]. RARIO Anal. Numer., 1973, 7(3): 33-75.

[93] Arnold D N, Brezzi F, Fortin M. A stable finite element for the Stokes equations [J]. Calcolo, 1984, 21(4): 337-344.

[94] Brezzi F, Falk R. Stability of higher-order Hood-Taylor methods [J]. SIAM J. Numer. Anal., 1991, 28: 581-590.

[95] He Y N, Li J, Yang X Z. Two-Level penalized finite element methods for the stationary Navier-Stoke equations [J]. International Journal of Information and Systems Sciences, 2006, 2(1): 131-143.

[96] Arnold D N, Brezzi F, Fortin M. A stable finite element for the Stokes equations [J]. Calcolo, 1984, 23(4): 334-337.

[97] He Y N, Wang A W, Mei L Q. Stabilized finite-element method for the stationary Navier-Stokes equations [J]. Journal of Engineering Mathematics, 2005, 51(4): 367-380.

[98] Yu J P, Shi F, Li J, et al. Numerical applications of the new stabilized quadrilateral finite element method for stationary incompressible flows [J]. Chinese Journal of engineering Mathematics, 2012, 29(2): 309-316.

[99] Brezzi F, Pitkäranta J. On the stabilization of finite element approximations of the Stokes equations [J]. In W. Hackbusch, editor, Efficient Solutions of Elliptic systems, 1984, 10: 11-19.

[100] He Y N, Li K T. Nonlinear Galerkin method and two-step method for the Navier-Stokes equations [J]. Numer. Meth. Partial Diff. Equ., 1996, 12(3): 283-305.

[101] Johnston H, Liu J G. Accurate, stable and efficient Navier-Stokes slovers based on

explicit treatment of the pressure term [J]. J. Comput Phy., 2004, 199: 221-259.

[102] He Y N, Miao H L, Mattheij R M M, et al. Numerical analysis of a modified finite element nonlinear Galerkin method [J]. Numer. Math., 2004, 97(4): 725-756.

[103] He Y N, Li K T. Convergence and stability of finite element nonlinear Galerkin method for the Navier-Stokes equations [J]. Numer. Math., 1998, 79(1): 77-106.

[104] Heywood J G, Rannacher R. Finite-element approximation of the nonstationary Navier-Stokes problem. I: regularity of solutions and second-order spatial discretization [J]. SIAM J. Numer. Anal., 1982, 19(2): 275-311.

[105] Heywood J G, Rannacher R. Finite-element approximations of the nonstationary Navier-Stokes problem. Part II: stability of the solutions and error estimates uniform in time [J]. SIAM J. Numer. Anal., 1986, 23: 750-777.

[106] Heywood J G, Rannacher R. Finite-element approximations of the nonstationary Navier-Stokes problem. Part III: smoothing property and higher order error estimates for spatial discretization [J]. SIAM J. Numer. Anal., 1988, 25(3): 489-512.

[107] Simo J C, Armero F. Unconditional stability and long-term behavior of transient algorithms for the incompressible Navier-Stokes and Euler equations [J]. Comput. Methods Appl. Mech. Engrg., 1994, 111(1-2): 111-154.

[108] Temam R. Infinite Dimensional Dynamical Systems in Mechanics and Physics [M]. New York: Springer-Verlag, 1988.

[109] Li J, He Y N, Chen Z X. Performance of several stabilized finite element methods for the Stokes equations based on the lowest equal order pairs, 2009, 86(1): 37-51.

[110] Barth T, Bochev P B, Gunzburger M D, et al. A taxonomy of consistently stabilized finite element methods for the Stokes problem [J]. SIAM J. Sci. Comput., 2004, 25(5): 1585-1607.

[111] Li J, He Y N. A local superconvergence analysis of the finite element methods for the Stokes equations by local projections [J]. Nonlinear analysis. TMA, 2011, 74(17): 6499-6511.

[112] Jian Li, Xiaolin Lin, Xin Zhao. Optimal Estimates on Stabilized Finite Volume Methodsfor the Incompressible Navier-Stokes Model in Three Dimensions. Numer. Meth. Partial Diff. Equ., 2019, 35(1): 128-154.

[113] Jian Li, Xiaolin Lin, Xin Zhao. Numerical analysis of a Picard multi-level stabilization of mixed finite volume method for the 2D/3D incompressible flow with large data, Numer. Meth. Partial Diff. Equ., 2017, 34(1): 30-50.

[114] Xin Zhao, Jian Li. A local parallel superconvergence method for the incompressible flow by coarsening projection. Numer. Meth. Partial Diff. Equ., 2015, 31(4): 1209-1223.

[115] Jian Li, Zhangxin Chen, Tong Zhang. Adaptive stabilized mixed finite volume methods for the incompressible flow. Numer. Meth. Partial Diff. Equ., 2015, 31(5): 1424-1443.

[116] 李剑，陈掌星. 三维定常 Navier-Stokes 方程有限元/有限体积方法非奇异解束 L∞ 优化阶分析研究. 中国科学，2015 年 45 卷.

[117] Jian Li, Zhangxin Chen. Optimal L^2, H^1 and $L\infty$ Analysis of Finite Volume Methods for the Stationary Navier-Stokes Equations with Large Data. Numer. Math., 2014, 126(1): 75-101.

[118] Zhangxin Chen, Zhen Wang, Liping Zhu, Jian Li. Analysis of the pressure projection stabilization method for the Darcy and coupled Darcy-Stokes flows. Computat. Geosci., 2013, 17(6): 1079-1091.

[119] Jian Li, Zhangxin Chen. On the semi-discrete stabilized finite volume method for the transient Navier-Stokes equations. Adv. Comput. Math., 2013, 38(2): 281-320.

[120] 李剑，赵昕，吴建华. 不可压缩流问题低次元稳定有限体积数值方法研究. 数学学报, 2013, 56(1): 15-26.

[121] Jian Li, Zhangxin Chen, Yinnian He. A Stabilized Multi-Level Method for Non-singular Finite Volume Solutions of the Stationary 3D Navier-Stokes Equations. Numer. Math., 2012, 122(2): 279-304.

[122] Jian Li, Xin Zhao, Jianhua Wu, Jianhong Yang. A Stabilized Low Order Finite-Volume Method for the Three-Dimensional Stationary Navier-Stokes Equations. Mathematical Problems in Engineering, 2012.

[123] Jian Li, Jianhua Wu, Zhangxin Chen. A Superconvergence of stabilized low order finite volume approximation for the three-dimensional stationary Navier-Stokes equations. Int. J. Numer. Anal. Model., 2012, 9(2): 419-431.

[124] Jian Li, Liquan Mei, Zhangxin Chen. Superconvergence of a stabilized finite element approximation for the Stokes equations using a local coarse mesh L2 projection. Numer. Meth. Partial Diff. Equ., 2012, 28(1): 115-126.

[125] Liping Zhu, Jian Li, Zhangxin Chen. A new local stabilized nonconforming finite element method for solving stationary Navier-Stokes equations. J. Comput. Appl. Math., 2011, 235(8): 2821-2831.

[126] Jian Li, Lihua Shen, Zhangxin Chen. Convergence and stability of a stabilized finite volume method for the stationary Navier-Stokes equations. BIT Numerical Mathematics, 2010, 50(4): 823-842.

[127] Lihua Shen, Jian Li, Zhangxin Chen. Analysis of a stabilized finite volume method for the transient stokes equations. Int. J. Numer. Anal. Model., 2009, 6(3): 505-519.

[128] Yinnian He, Jian Li. Convergence of three iterative methods based on the finite element discretization for the stationary Navier-Stokes equations. Comput. Methods Appl. Mech. Engrg., 2009, 198(15-16): 1351-1359.